I0479301

ABDUCCIONES EXTRATERRESTRES
REALIDAD, CIENCIA Y FUTURO
ISBN: 9798377172376

AUTOR: MAURICIO FUENTES

Este libro se terminó de escribir en Mayo de 2023 y se actualizó leve-mente en Abril de 2024.

Este libro está dedicado a mi madre y a mi padre.

ÍNDICE

ÍNDICE DE ILUSTRACIONES

INTRODUCCIÓN

Las abducciones extraterrestres son, muy posiblemente, el suceso más importante y enigmático que le ha ocurrido, y le ocurre todavía, a la humanidad. El fenómeno de las abducciones demuestra varias cosas a la vez. Por un lado, nos enseña de manera fascinante que algo tan grave como el rapto de millones de humanos por parte de seres inteligentes provenientes de otros mundos, puede pasar inadvertido para la sociedad en su conjunto y sin embargo, ser completamente real. Otra faceta de las abducciones es la gran impotencia que sufren las victimas ante la situación que enfrentan. Sabemos que los abducidos no pueden, casi de ninguna forma razonable, evitar ser llevados a bordo de un platillo volador, o donde sea que quieran los raptores. Por supuesto, hay otros aspectos relevantes asociados a las abducciones, que también son impactantes: la tecnología involucrada, los aspectos biológicos y sexuales, la forma de ser de los extraterrestres, el secretismo de las operaciones, la relación de las abducciones con los avistamientos OVNI, las implicancias del fenómeno sobre todas las ciencias humanas, y la gran incertidumbre: el no saber en qué puede terminar toda esta historia de las abducciones. ¿Qué es lo que buscan estos extraños seres, que se aparecen en frente de sus víctimas y que para colmo, se los llevan por un tiempo?

Soy ingeniero y aficionado a la biomecánica y a la ufología. Mi visión del mundo es normalmente científica ("pero no siempre!", dirán con suspicacia los incrédulos de las abducciones y de los OVNIs). El asunto de las abducciones extraterrestres me ha llamado fuertemente la atención durante cerca de 20 años y le he dado muchas vueltas en mi mente. En este libro, mi intención es entregar de la manera más directa posible, la información más relevante y sorprendente asociada a las abducciones extraterrestres, y fundamentalmente los aspectos que a mi juicio constituyen evidencia científica de las abducciones o bien involucran ideas científicas que merecen mencionarse y analizarse. Este libro intenta además dar una repuesta a la pregunta más importante: ¿Cuál es objetivo final de los extraterrestres? La invitación para el lector es que se disponga a encontrar en este libro una bomba de información que parece de fantasía, pero que a fin de cuentas, mucho me temo que es real.

Debe entenderse que la información que entregaré proviene principalmente de reportes que los abducidos han hecho a los grandes investigadores del fenómeno, principalmente el Dr. David Jacobs y el pionero Budd Hopkins, entre otros muchos investigadores pioneros en el estudio de tan complicado asunto. En rigor, no se trata de meras especulaciones o historias inventadas por los investigadores. Se trata principalmente de reportes o testimonios provenientes de miles de personas normales, tales como podría ser un amigo suyo, un familiar suyo, o usted mismo, y que han tenido el infortunio, o quizá la suerte, de haber sido raptados por extraterrestres. Para ser sincero, mi propia investigación en personas abducidas es escasa, pero no obstante he logrado entrevistar varias personas, y he podido confirmar algunos aspectos de las abducciones, tal como se mencionan en la literatura.

Al leer el libro, es importante tener en cuenta que cuando la información entregada sea una especulación de mi parte, dejaré bien claro que se trata de una hipótesis u ocurrencia mía. Cuando alguna información haya sido entregada por solamente un abducido, se indicará explícitamente que es un caso puntual, sin corroboración mayoritaria. No obstante, la mayor parte de la información entregada en este libro ha sido reportada varias veces, o más bien muchísimas veces, por abducidos del mundo, lo cual ha permitido a los investigadores cerciorarse de la consistencia e insistencia del fenómeno de las abducciones.

El libro se divide en 3 partes. La primera parte explica la realidad de las abducciones: como ocurren, como saber si alguien es un abducido, quienes son los seres que abducen, etc. La segunda parte profundiza en varios aspectos de las abducciones, y los analiza con una mirada científica. No debe el lector intimidarse con la palabra "científica", pues el lenguaje científico que se utiliza en este libro es sencillo y comprensible para lectores de todo tipo, por lo que cualquier lector con interés en las abducciones podrá entender fácilmente la idea general de lo que se está explicando, y los lectores científicos podrían sentirse invitados a investigar los temas que les interesen. La tercera parte del libro intenta explicar las abducciones dentro del contexto de la ufología y sobre todo predecir cuál será el destino de la humanidad respecto de las abducciones.

Debo advertir que lo que se presenta en este libro es, en ocasiones, información que yo considero quizá demasiado cruda para personas sensibles, o para niños. La lectura de este libro también podría afectar al lector que es un abducido, al reconocer los detalles o la verdad de las abducciones. Mi opinión es que en este libro se dicen verdades como puños. El asunto de las abducciones es importante y ciertamente tiene el potencial de cambiar el destino de toda la humanidad.

1. PRIMERA PARTE: LA REALIDAD DE LAS ABDUCCIONES

En esta parte del libro presentaré la información básica para entender qué son las abducciones extraterrestres y sus principales características, así como también una explicación de la apariencia física de aquellos seres que realizan las abducciones, de cuáles son los síntomas de que una persona es posiblemente un abducido, entre muchos otros datos relevantes respecto de las abducciones.

1.1   COMIENZO DE UNA ABDUCCIÓN TÍPICA

En palabras muy simples, una abducción extraterrestre es el secuestro de un ser humano, realizado por seres *no humanos*, quienes típicamente se llevan a la persona en contra de su voluntad, a un platillo volador o a otro lugar que ellos deseen. No todas las abducciones son iguales, pero los investigadores han sido capaces de entender lo que ocurre a grandes rasgos durante estos acontecimientos. En muchas ocasiones, los seres que abducen tienen la apariencia del extraterrestre típico que usted puede ver en películas o dibujos televisivos y de revistas: seres de baja estatura y delgados, piel de color gris, gran cabeza y grandes ojos negros. Estos seres son llamados "Los Grises", y serán descritos en mayor detalle en capítulos posteriores.

El comienzo de una abducción puede ocurrir casi en cualquier momento de la vida cotidiana de la víctima. De día, o de noche, en un aeropuerto, en su casa, en un picnic, cuando viaja en un automóvil, cuando se divierte en una fiesta, etc. Puede ocurrir estando la persona sola, o acompañada. No obstante, algunos investigadores sospechan que la mayor parte de abducciones tienden a ocurrir mayoritariamente cuando la víctima está a solas, y de tal forma que su desaparición no será descubierta por su familia, sus amigos, o sus compañeros de trabajo.

En caso de que la abducción comience en presencia de varias personas, pueden darse dos situaciones: (1) Todos serán abducidos (2) Solo uno o algunos de ellos serán abducidos, y los restantes serán mantenidos en un curioso estado de parálisis, el cual se prolongará hasta que los abducidos vuelvan de su rapto. Desconozco si hay estadísticas al respecto, pero a mi parecer lo más frecuente, por lejos, es que el abducido sea solamente una persona, aunque claro, hay numerosas excepciones a esta regla, principalmente, abducciones realizadas a familias completas, es decir incluyendo al cónyuge, y a los hijos; o abducciones a grupos de personas.

Cuando la abducción ocurre dentro de un recinto cerrado, el abducido típico puede reportar que los seres han ingresado al lugar atravesando muros, puertas, o ventanas, como si fueran fantasmas. Lo normal respecto de ese momento es que el testigo recuerde que el raptor es capaz de comunicarle ideas mentalmente, principalmente para calmarlo y decirle que nada malo ocurrirá. En tal caso, al abducido se le comunica mentalmente que no se le hará daño y que "esto terminará pronto". Es muy común que el abducido reporte que es incapaz de moverse durante el comienzo de la abducción, como si estuviera paralizado. Lo siguiente que ocurre es que el testigo siente que es acompañado por los seres hacia fuera de su casa o del lugar.

Otros testigos asocian el comienzo de una abducción con el avistamiento de bolas de luz que se desplazan flotando en el aire por el interior de sus hogares. El lector puede imaginarse un OVNI bastante pequeño, esférico, y luminoso, del tamaño aproximado de una pelota de tenis o un poco mayor, que se mueve cerca del testigo. En otras ocasiones, en lugar de bolas de luz, se reporta una miríada de puntos luminosos o chispas desplazándose por el interior de la casa.

También es común el reporte de testigos respecto de que, al inicio de una abducción que comienza dentro de su casa, el abducido siente que es elevado en el aire y que es transportado en una especie de luz azulina que le permite efectivamente flotar en el aire y atravesar muros y ventanas, llegando finalmente a un ambiente que parece ser el interior de un platillo volador. Los investigadores sospechan que la luz azul es una capacidad tecnológica que proviene del platillo volador, no pudiendo ser realizada por los seres por si solos.

Algunas abducciones comienzan cuando la víctima se encuentra viajando en un automóvil. En este tipo de casos, el testigo puede presenciar la aparición del OVNI desde lejos, el cual comienza a acercarse gradualmente. Muchos abducidos han reportado que sienten mucha sorpresa, o peor aún, aprensión o miedo, al ver este OVNI, teniendo la sensación o idea de que viene a por ellos. Muchas veces, el conductor del vehículo, en forma repentina, siente la necesidad de detener el automóvil a un costado de la carretera o llevarlo por un camino secundario que jamás ha pensado en utilizar. Una vez detenido el vehículo, la víctima se baja del automóvil y se va caminando al platillo volador, o bien en ese momento hacen su aparición los extraterrestres, quienes usando una especie de control mental, obligan al abducido a caminar hasta el platillo volador, acompañándolo.

En otras ocasiones, la victima de la abducción, estando en su casa en una zona rural, siente la necesidad de salir a dar un "paseo" por alguna razón que no tiene clara, y al salir, camina hacia un lugar solitario en el cual lo está esperando, posado en el suelo, un platillo volador.

Ciertamente, las formas en que comienza una abducción pueden ser diferentes a lo descrito en los párrafos anteriores, dependiendo de la ubicación y la actividad del momento de la víctima, pero lo descrito cubre una buena gama de casos. Debe tenerse en claro que en casi todas las abducciones, la victima está siendo mentalmente controlada por los seres que vienen a raptarla, quienes en forma rutinaria y casi infaliblemente lograrán que el abducido olvide lo que ocurrió durante la abducción, es decir, el abducido no recordará prácticamente nada de lo que ocurriese desde el momento mismo en que la abducción comienza, hasta el momento en que la abducción finaliza. Este olvido u amnesia de las abducciones es un componente fundamental del fenómeno, y constituye un obstáculo formidable para aquellos investigadores que intentan estudiar lo que ocurre durante las abducciones. La hipnosis es utilizada como una herramienta medianamente efectiva para superar este gran obstáculo.

En este punto, el lector puede pensar que todo esto es ridículo, que no es posible. Y estará en su derecho, pues efectivamente quedan muchas cosas que explicar para que todo esto tenga sentido.

1.2   TRANSCURSO DE LA ABDUCCIÓN TÍPICA

En el transcurso de la abducción típica, la víctima normalmente es llevada a una habitación en el interior de un platillo volador. Esta habitación ha sido descrita en algunos casos de forma triangular, forma que bien podría corresponder a la sección de un platillo volador circular, como si la habitación fuera similar a un trozo triangular de una torta redonda de cumpleaños. En otras ocasiones la habitación parece ser simplemente redonda o circular, lo que podría indicar el caso de un platillo volador más pequeño. En otras ocasiones, la nave parece ser muy grande, con muchísimas habitaciones donde la victima reporta que es capaz de ver a otros abducidos que están siendo tratados. Una característica repetitiva de las puertas que comunican las habitaciones dentro de una nave extraterrestre, es que son redondeadas en su parte superior, no como la gran mayoría de puertas de la cultura humana moderna, que son completamente rectangulares.

Al parecer, los platillos voladores pequeños son capaces de ingresar dentro de naves de mayor tamaño. En estas naves grandes se lleva a cabo una mayor cantidad de procedimientos a una mayor cantidad de personas. En las naves extraterrestres grandes es posible observar pantallas también grandes con extrañas figuras geométricas flotando, hermosos lugares salvajes, escenas de la vida cotidiana humana, escenas de picnics entre humanos, etc. Los OVNIs de tamaño mediano podrían llegar a tener 3 mesas (camas) de abducción, con un sector con asientos, donde los abducidos "esperan" su turno. Por el contrario, las naves o platillos voladores pequeños, no incluyen sectores o salas de espera.

La habitación asociada al procedimiento de una abducción usualmente se describe como bastante iluminada, pero muchos testigos reportan que la luz parece no venir de ningún foco o lámpara, sino que simplemente está iluminado por todas partes. Otros testigos reportan una especie de neblina luminosa. Se ha reportado que las paredes que separan habitaciones, y aquellas que dan al exterior de la nave pueden ocasionalmente volverse transparentes. La habitación de trabajo está normalmente muy limpia y en orden, aunque se han reportado casos en los que la atmosfera se ha descrito como encerrada, húmeda y pesada, con olores fuertes similares a la basura o el queso (Denett, 2016). En los platillos voladores existen áreas con asientos junto a las paredes de las habitaciones, donde los abducidos esperan su turno sentados y adormilados, con ojos vidriosos. Los asientos parecen salidos del suelo y están pegados a la pared, la cual sirve como respaldo. La mayoría de los abducidos que pueden ser vistos al interior de una nave o bien están recostados siendo examinados o bien están sentados, semi-inconscientes, a la espera de su turno, o bien están caminando aletargados, como si fueran zombis siendo guiados y escoltados por los seres Grises en el interior de las naves.

Al interior de estas habitaciones de trabajo, el abducido es obligado a quitarse la ropa (solo ocasionalmente es ordenado a ponerse una ropa especial), y a recostarse en una mesa central que parece salir del piso como un bloque sólido de superficies lisas y paredes verticales redondeadas (cóncavas), es decir, una especie de cama o mesa maciza que no tiene patas. Según algunos testigos, la superficie de la mesa (que funciona más bien como una cama de hospital) en ocasiones pareciera adaptarse cómodamente a la forma de su cuerpo.

Normalmente, en la habitación hay varios seres cuya descripción es la típica del extraterrestre: pequeño, delgado y con una gran cabeza en forma de ampolleta o de pera invertida, con mentón fino, y unos grandes ojos negros con forma de almendra; piel de color gris o blanquecina, con tonalidades suaves verdosas, azulosas o beige. Este tipo de seres han sido llamados "Grises" por los ufólogos, y en este libro también usaremos esa denominación.

De entre los seres Grises presentes en la habitación, hay uno que parece ser el líder. También es un gris, pero es poco más alto que los demás y es el que mayormente se comunica con el abducido, utilizando lo que pareciera ser a todas luces una comunicación directamente mental o telepática, por increíble que esto parezca. El Gris de tipo alto tiene una altura aproximada de 1 metro y 30 centímetros con variaciones pequeñas (±10 cm) en torno a ese valor, en tanto que el Gris de tipo pequeño tiene una altura reportada en aproximadamente 1 metro. Todo se encuentra reglamentado a bordo de un platillo volador, y los Grises Altos y Bajos son descritos como seres bastante disciplinados, que saben perfectamente dar y recibir órdenes.

Una vez recostado en la mesa de trabajo, al abducido se le practican algunos procedimientos de carácter aparentemente médico, entre los cuales se cuenta principalmente la extracción de semen en hombres, la extracción de óvulos desde el vientre de las mujeres, la implantación de un feto externo en el útero de la mujer, o la extracción de un feto desde el vientre de la mujer.

Previo a los procedimientos mencionados, los Grises realizan una inspección, mediante el tacto, de la espina dorsal, y una revisión de los movimientos del tipo reflejo. La revisión con el tacto y con los dedos se realiza diligente, rápidamente y hábilmente por parte de los Grises y puede abarcar todo el cuerpo del abducido, situación en la cual, los dedos de los Grises tocan y dan pequeños golpes y tanteos con sus dedos en la piel del abducido, en distintas partes del cuerpo.

También se realiza un análisis mental y de las experiencias de vida del abducido. Este último procedimiento, llamado "Mindscan", o Escaneo Mental, es realizado a través de un contacto visual, ocular, acercando mucho los ojos entre el Gris y el propio abducido. El investigador David Jacobs cree que el Escaneo Mental es un procedimiento que se lleva a cabo prácticamente en todas las abducciones.

Como ya se ha mencionado, se ha reportado en múltiples ocasiones que los seres se comunican con el abducido en una conversación telepática o mental. Es decir, es una comunicación que ocurre sin utilizar lenguaje verbal, en la que, sin abrir la boca ni hablar, los seres pueden intercambiar ideas mentalmente con el abducido y darle ordenes o hacerle preguntas. Los seres también pueden comunicarse telepáticamente entre ellos. Pero la capacidad telepática de los seres va más allá de la simple comunicación, pues son también capaces de controlar a la víctima para que ésta se quede quieta, o se mueva, o incluso que el abducido haga algo en contra de su propia voluntad. Los seres también pueden saber qué asunto está pensando o tramando el abducido, y algunos abducidos, son a su vez capaces de saber lo que están pensando varios de los Grises presentes en la habitación. No se sabe cómo adquieren esta capacidad los abducidos, pero se cree que los Grises son capaces de activarla durante el tiempo que dura una abducción.

Durante una abducción también se realiza la implantación de objetos extraños (denominados implantes) en la zona de la nariz y otras partes del cuerpo de los abducidos, así como también la extracción de trozos de piel del abducido en la forma de una muesca del tamaño y la forma de una lenteja, la cual deja una cicatriz característica de los abducidos, conocida como "scoop mark". Los Grises también realizan una especie de raspaje de la piel del abducido con el objetivo de extraer muestras de piel. Otras intervenciones "quirúrgicas" incluyen la realización de cortes e incisiones en la piel, inserción de agujas en el vientre inferior de las mujeres o en la espina dorsal. Otras muestras obtenidas desde los cuerpos de los abducidos, aparte de raspaje o muestras de piel, corresponden a trozos cortados de las uñas, muestras cortadas desde el cabello de los abducidos, muestras de sangre, además del material reproductivo (esperma, óvulos) que mencioné anteriormente.

Otros procedimientos no tienen una explicación o función conocida, pero consisten en intervenir a la víctima con agujas, instrumentos y aparatos médicos en prácticamente todos los orificios del cuerpo, y a veces también sobre la piel. Algunos equipamientos médicos utilizados por los Grises, parecen una especie de brazo robótico que incluye elementos tecnológicos para la manipulación o monitoreo. Estos brazos robóticos emergen directamente de las paredes o del techo de la habitación.

Durante estos procedimientos, y cuando está acostado sobre la mesa, el abducido es incapaz de moverse por su propia cuenta, y los seres lo manipulan como si fuera un muñeco de trapo. Algunas veces el abducido puede moverse en forma limitada, y ocasionalmente se le obliga a caminar a otros sectores del platillo volador para ser sometido a otros procedimientos.

La mayoría de los procedimientos se relacionan con aspectos reproductivos y de funcionamiento neurológico o mental, aunque en ocasiones los extraterrestres parecen interesarse en aspectos de la salud de los individuos. Rara vez se interesan en chequear explícitamente el estado del corazón de los abducidos, o el sistema respiratorio, lo cual si bien es curioso, en rigor no significa que no puedan obtener esta información de una forma tal que el abducido no logra percatarse.

Si bien el uso de jeringas o agujas constituye una similitud con los procedimientos humanos, también existen diferencias notables entre lo que podríamos llamar medicina extraterrestre y medicina humana. Por ejemplo, como ya se dijo, una diferencia importante es que los Grises parecen no inspeccionar en el sistema respiratorio y cardiaco de los abducidos, siendo que tanto el estado del corazón como el estado de los pulmones constituyen un foco de atención clásica y recurrente de la medicina humana. Otra diferencia notable con la medicina humana es que en los procedimientos de las abducciones no se reporta el uso del suero intravenoso, el uso de guantes de goma, o el uso del depresor lingual (el palito baja lenguas).

Algunos procedimientos son muy dolorosos para las víctimas, pero estas reportan que el líder de los seres es capaz de calmar el dolor o la angustia casi instantáneamente con el movimiento o vaivén de una mano, o con una sugerencia mental.

En otras ocasiones en el que el abducido puede adquirir algo de control o conciencia, es capaz de realizar preguntas a los Grises. Normalmente el Gris a cargo de la abducción será tomado por sorpresa por las preguntas inesperadas, aunque la respuesta será muy a menudo del tipo evasivo, o poco informativa y vaga. Por ejemplo, si se les pregunta cuando terminarán con las abducciones, responderán al abducido con la frase "eres muy especial para nosotros" o con "esto es importante, y tú estás ayudándonos". Cuando un Gris es interpelado o cuestionado por un abducido respecto de cuál es la utilidad o necesidad de realizar el procedimiento, el Gris también responderá con frases para desviar la atención o calmar al abducido, respondiendo por ejemplo, "este procedimiento ya lo hemos hecho anteriormente", "no tienes nada de qué preocuparte", "no recordarás esto", "sí, permitirás que hagamos esto". A pasar de que los Grises y sus acompañantes son reacios a responder preguntas o dar información útil, ocasionalmente lo hacen, cuando el abducido les cae en gracia, y de esa forma hemos podido saber algo más acerca del porqué de las abducciones.

En algunas ocasiones las mujeres abducidas son obligadas a sostener un extraño bebé entre sus brazos y son instruidas a pasar un tiempo con él. A veces se les ordena realizar la acción de amamantar al bebe aun cuando dichas mujeres no tienen (o creen no tener) disponibilidad de leche materna. Dichos bebés tienen una apariencia bastante extraterrestre, cual si fueran una mezcla entre un ser humano y un ser Gris. El tipo de bebé en cuestión es menos regordete que un bebé humano normal, prácticamente no llora, y es menos activo que un bebé normal humano. Los investigadores llaman a este tipo de seres los "híbridos", pues parecen una mezcla entre humanos y Grises. Algunas mujeres abducidas han sido informadas por los Grises que el bebé que tienen en sus brazos es su hijo, y que el bebé necesita ser tocado y abrazado por humanos. Las mujeres reportan que luego de tomar al bebé en sus brazos, este parece animarse y moverse más.

Estos bebés "híbridos" son aparentemente el resultado de una especie de combinación genética entre seres humanos y Grises, asunto que se detalla en capítulos posteriores. En algunas ocasiones los abducidos son ordenados a enseñarle a los seres híbridos adolescentes o incluso ya jóvenes, acerca de cómo vivir en la sociedad humana. En otras ocasiones, los híbridos pueden realizarle preguntas a los abducidos. Preguntas extrañas, y a la vez ingenuas, tales como ¿Para qué sirven las mascotas? o ¿Cómo se usa una silla? ¿Para qué sirve una almohada? ¿Puedo probar una pizza? Este tipo de actividades y enseñanzas nos permite sospechar seriamente sobre la inquietante posibilidad de que los híbridos necesitan obtener este conocimiento porque tienen la intención de vivir en nuestra sociedad.

En otras instancias, los niños abducidos (sí, también los niños pueden ser abducidos) son ordenados a enseñarle a los niños híbridos la forma en que juegan los niños humanos. En otras ocasiones, el niño abducido es invitado a jugar con los niños híbridos utilizando juguetes extraterrestres. Estos juguetes son tecnológicamente muy avanzados, tanto así que pueden ser controlados mentalmente, o pueden levitar. Si bien algunos juguetes que usan los niños híbridos son muy avanzados, hay otros que son muy sencillos, como es el caso de los muñecos de trapo que tienen la apariencia de los Grises (!).

Hay otras situaciones y procedimientos que ocurren durante una abducción. Y así como claramente existe un aspecto reproductivo en las abducciones, también existe una componente sexual bastante sórdida y poco comprendida. Esto se verá en capítulos posteriores.

1.3   FINALIZACIÓN DE LA ABDUCCIÓN TÍPICA

Después de realizado uno o varios de los procedimientos mencionados en el capítulo anterior, al abducido se le informa, por parte de los Grises, que es hora de volver a su entorno habitual y en algunas ocasiones se le dice que no podrá recordar lo que ha ocurrido durante la abducción, lo cual a veces no se cumple, pues el abducido podrá, muy ocasionalmente, recordar algunas cosas.

De esta forma, el abducido es retornado al lugar en donde fue raptado, o un lugar cercano, ya sea su automóvil, su casa, su habitación, un parque, o cualquier lugar. En raras ocasiones, la devolución del abducido ocurre lejos, o muy lejos, del lugar donde fue raptado, y es que al parecer, los extraterrestres no están libres de cometer errores en cuanto a la ubicación original del abducido.

Si al comenzar la abducción, la víctima se encontraba durmiendo, será devuelto pero continuará durmiendo. Si estaba despierto al momento de la abducción, será probablemente devuelto despierto.

Una característica muy importante y sorprendente de las abducciones es la siguiente: Casi siempre, el abducido no recuerda nada, o prácticamente nada, de lo que ha ocurrido durante la abducción. Podrían darse, a grandes rasgos, los siguientes 5 casos aproximados:

1. El abducido recuerda todo o casi todo lo ocurrido, desde que vio un OVNI o luces iniciales, cuando el OVNI se acerca o se encuentra estacionado muy cerca, cuando los seres se lo llevan, los procedimientos médicos, las conversaciones telepáticas sostenidas con los seres, el final del procedimiento, etc.

2. El abducido recuerda solamente algunas partes de la abducción, de una forma que dista mucho de ser cronológica, y con detalles confusos o de carácter extraño, o incluso alucinatorio.

3. El abducido recuerda poco, solamente el principio y el final de la abducción, es decir recuerda solamente al OVNI acercándose, y luego alejándose.

4. El abducido recuerda casi nada, se siente extraño, como si algo malo hubiera ocurrido, pero sin saber qué. Puede sentirse sucio sin una explicación, o estar asustado de salir de casa o de estar en alguna habitación de su propia casa.

5. El abducido no recuerda absolutamente nada. No sospecha nada.

De acuerdo a lo que he podido discernir, los casos aumentan en cantidad de ocurrencias a medida que avanzamos de los casos 1 a 5. Es decir, son muy escasas las situaciones en que la víctima recuerda todo o casi todo en forma espontánea y clara (Caso 1). Son más numerosos los casos en que el abducido recuerda detalles confusos (Caso 2) o bien recuerda solamente la llegada y retirada del platillo volador (Caso 3), y son probablemente mucho más numerosos los casos en que el abducido recuerda muy poco de lo ocurrido (Caso 4) pero es capaz de intuir que algo muy extraño ha ocurrido. En las situaciones del Caso 2 e incluso del Caso 1, el abducido normalmente sufre de una importante confusión respecto de la cronología de los sucesos y podría agregar al relato la presencia ficticia de animales tales como ciervos, conejos, monos, mapaches, búhos, etc. Se cree que la apariencia de estos animales de ojos negros es una especie de adaptación distorsionada de la apariencia de un gris, el cual podría estar manipulando los recuerdos de los abducidos para que estos no recuerden haberlo visto a él. Este tipo de manipulación mental es conocida por los investigadores como "Screen Memory" (Memoria Pantalla), que puede definirse como una memoria falsa, que actúa como una pantalla que cubre y oculta la memoria real. Esto último es una indicación de que un investigador experimentado debiera ser capaz de separar meticulosamente la paja del trigo cuando investiga a un abducido.

No se sabe cuántas situaciones ocurren del Caso 5, es decir el caso en que la víctima no recuerda ni sospecha absolutamente nada, pero son posiblemente la mayoría, y yo creo que son la mayoría bastante abrumadora. Budd Hopkins fue el primero en sospechar esta situación, cuando entrevistó a testigos que reportaban la visión de un OVNI que se acercaba y luego se alejaba, que los dejaba consternados, pero que además conseguía que los testigos tuvieran "tiempos perdidos" (Hopkins, 1981).

El fenómeno del "tiempo perdido" es una situación comúnmente relatada por muchísimos testigos después de que ha ocurrido una abducción. El "tiempo perdido" ocurre cuando existe un periodo de una o dos horas de duración, en que el abducido no tiene el más mínimo recuerdo acerca de lo que ha ocurrido. Es más, el abducido se sorprende mucho pues se da cuenta repentinamente de que inexplicablemente se ha hecho demasiado tarde.

Algunas abducciones duran más tiempo que un par de horas, por ejemplo un día, y algunas han llegado incluso a durar 5 días, como en el caso clásico del abducido Travis Walton, en Estados Unidos, ocurrido en el año 1975. Es posible que los abducidos que son raptados por varios días, sean alojados dentro de las naves extraterrestres, pues se ha reportado que se han construido habitaciones humanas (con camas) dentro de algunos OVNIs.

Ocasionalmente, los familiares o amigos que esperan al abducido en casa, se encontrarán alarmados y preocupados por su ausencia y tardanza. Al ser consultado por el retraso, el abducido será incapaz de dar una explicación lógica de por qué ha pasado tanto tiempo. Posteriormente, si el abducido adquiere cierta práctica, podrá inventar historias falsas para explicar su ausencia. En otras ocasiones, los amigos o compañeros del abducido, al ver que este ya no está, se irán a sus casas, y en otras ocasiones, contrario a lo esperable, y misteriosamente, no preguntarán nada.

El abducido puede sentir mucha ansiedad por lo inexplicable de la situación de tiempo perdido, aunque también por el lado contrario, otros abducidos pueden sentir una especie de curiosa despreocupación, como si tener un tiempo perdido fuera algo de lo más normal del mundo, como si estuviera acostumbrado a que la vida incluyera ciertas rarezas bastante grandes, que serían, de alguna manera, normales, esperables, y parte de la vida, en el sistema de creencia del abducido.

Es esperable para cualquier persona sentir temor ante la sospecha de que podría ser un abducido. En realidad, cualquiera de nosotros podría estar en semejante situación, sin saberlo. Es por ello que yo espero que, con este libro, puedan disiparse algunos de los temores o dudas. En cualquier caso, si usted lector, resultase ser un abducido, lo mejor es no sentir temor, pues no hay mucho que pueda hacerse. Aparentemente, ser abducido no se elige, ni tampoco se puede evitar (aunque hay quienes aseguran que sí se pueden evitar las abducciones, como se explica en un capítulo más adelante). Sin embargo, en la práctica, no hay mucho que pueda hacerse o preocuparse. Quizá lo único que le queda por hacer a un abducido es resignarse y ver que puede enseñarle el fenómeno.

1.4   TIPOS DE SERES QUE REALIZAN ABDUCCIONES

Hay varios tipos de seres que acompañan a los Grises cuando estos realizan sus labores y procedimientos de abducción. En sus libros, el investigador David Jacobs, ha entregado la descripción de los distintos tipos de seres que se pueden encontrar a bordo de un platillo volador (Jacobs, 1998) (Jacobs, 2015). En el presente capitulo presentaré una descripción detallada de los tipos más importantes de seres que se encuentran dentro de los platillos voladores.

1.4.1 Grises Bajos

Estos seres realizan funciones básicas tales como: Desvestir y vestir a los abducidos, aunque a veces los abducidos son ordenados a desvestirse por sí mismos; Traer a los abducidos hacia dentro y fuera de la nave; Colocar a los abducidos sobre las mesas de trabajo; Acompañar a los abducidos cuando deben caminar hacia otro sector de la nave; Limpiar restos de vómitos u orina de los abducidos. Los Grises Bajos son los ayudantes de los Grises Altos, aunque ocasionalmente pueden realizar los procedimientos que hacen los Grises Altos. Las características físicas de estos Grises Bajos son:

- Estatura aproximada entre 90 cm y 100 cm.

- Capacidades telepáticas y de control mental: fuertes

- Cabeza grande y calva, como una ampolleta, y una frente abultada bajo la cual se encuentran los ojos levemente hundidos. La parte inferior de la cabeza es puntiaguda en la parte donde debería estar mentón, aunque no se observa presencia de mandíbulas.

- Los ojos son completamente negros y muy grandes, de apariencia intimidatoria o hipnotizadora, contorno con forma de almendra, con sus puntas dirigidas hacia las fosas nasales y extendiéndose hacia ambos lados de la cabeza. Los ojos no tienen pupilas, ni iris, ni corneas, y no parecen tener la capacidad de mirar en distintas direcciones como los ojos humanos. No obstante, los ojos parecen tener a veces un extraño movimiento de rotación en el cual los extremos laterales de los ojos parecen moverse hacia arriba (ver Ilustración 2-1). A veces, los abducidos observan un líquido moverse al interior de los ojos de los Grises. En pocos casos, los abducidos reportan que los Grises parpadean al unísono, aunque ninguno ha reportado ver los parpados. Los ojos no tienen cejas, aunque parecen tener un hueso

19

abultado similar al "arco superciliar" sobre los ojos. Es posible que el supuesto "parpadeo" corresponda en realidad a un movimiento de la zona de la ceja que se confunde con el parpadeo humano, pero que quizás tiene otra función.

- La boca es pequeña, sin labios y sin dientes ni lengua. La boca no es apta para hablar ni para comer, y consiste solamente en una ranura con poco movimiento. Algunos abducidos reportan la presencia de pequeñas líneas verticales a ambos extremos de la ranura horizontal de la boca. Otros abducidos reportan una membrana que obstruye la abertura de la boca. Nunca se ha visto a un Gris comer o beber. Un abducido le preguntó directamente a un grupo de Grises si estos comían, a lo cual uno de ellos respondió que no necesitaban consumir materia en la forma que los humanos lo hacían (Jacobs, 1998).

- La piel es de una textura muy suave, con el color de una masilla blanca, con una textura similar a la del malvavisco o de las setas.

- Poseen los agujeros de las fosas nasales, aunque en una nariz muy pequeña o casi inexistente.

- No tienen orejas, con la excepción de un par de agujeros en el lugar donde debieran estar las orejas. No obstante, los Grises efectivamente parecen tener oídos funcionales, capaces de escuchar ruidos.

- No tienen identificación sexual, ni órganos reproductivos u órganos necesarios para orinar o defecar.

- No tienen sangre, pero tienen un líquido claro al interior de su cuerpo, el cual ha sido visto excepcionalmente por testigos cuando estos seres reciben un corte, o en un caso particular cuando uno de estos seres fue golpeado mediante un codazo en el ojo por un abducido que había retomado temporalmente el control de su cuerpo, y que se encontraba molesto. Del ojo dañado brotó una especie de líquido claro en forma de chorro.

- No se les siente respirar, es decir los abducidos no sienten el aliento de estos seres cuando se acercan a su caras, ni tampoco ven a estos seres inflando el pecho para respirar.

- Se cree que se alimentan por absorción de nutrientes a través de la piel.

- Los brazos son largos y delgados, y las manos llegan casi hasta el nivel donde debiera estar la rodilla de los seres.

- Cada una de sus manos tiene cuatro dedos en total, uno de los cuales cumple la función de pulgar, aunque con poca apariencia de pulgar.

- Los dedos son alargados.

- Sin uñas en los dedos.

- Cada uno de los pies también tiene 4 dedos en total, al igual que cada mano.

- No tienen musculatura, ni huesos que sean evidentes. No se observan caderas ni hombros. Los brazos son como tubos sin las protuberancias que en los humanos evidencian ser partes de los huesos.

1.4.2 Grises Altos

Son muy similares a los Grises Bajos, aunque un poco más altos, y tienen funciones más especializadas relacionadas con el control mental de los abducidos, con la inspección del abducido, la extracción de óvulos de las abducidas, la extracción de los espermatozoides de los abducidos, y la implantación de fetos en las abducidas. Estos seres también realizan una especie de visualización directa a los ojos de los abducidos (el llamado "Mindscan" o escaneo mental) y resuelven problemas más complejos o emergencias que puedan suscitarse durante una abducción. Por ejemplo, deben solucionar casos de rebeldía de un abducido o deben realizarle preguntas al abducido respecto de su vida, o decidir qué hacer en caso de encontrarse un hallazgo especial en los abducidos (por ejemplo problemas de salud). Al igual que los Grises Bajos, los Grises Altos también se encargan de abducir a las personas y de traerlas hacia el platillo volador. Los Grises Altos además se encargan de impartir órdenes a los Grises Bajos. Los Grises Altos son físicamente similares a los Grises Bajos, excepto por las siguientes características:

- Estatura de los Grises Altos varía entre 120 cm hasta 140 cm.

- Capacidad de control mental: muy fuerte

- Piel blanca o grisácea, con la textura del cuero. La piel de los Grises en general ha sido descrita como una piel pálida sin imperfecciones, es decir sin arrugas, ni verrugas ni lunares, ni pelos, ni pecas, ni vasos sanguíneos, ni rasguños. Otras tonalidades de piel incluyen el blanco rosáceo y blanco azulado o el beige suave.

- Los abducidos los identifican con diferenciación sexual, es decir que los Grises Altos pueden ser hombres o mujeres, puesto que aunque físicamente no parece haber diferencias anatómicas, los abducidos frecuentemente manifiestan que son capaces de darse cuenta, de alguna forma, de cual Gris Alto es femenino y cual es masculino. Normalmente, los Grises femeninos son percibidos, o más bien percibidas, como más gentiles, más delgadas, y más gráciles.

- Son raros los casos en que se reportan olores, aunque se ha reportado que los Grises tienen olor a cartón o madera quemada, olor a queso y olor a azufre (como los huevos podridos), e incluso llegando a afirmarse que los Grises huelen a piel humana (Whitley Strieber en (Denett, 2016)).

- Normalmente se reporta que los Grises en general no tienen uñas en los dedos, aunque algunos abducidos sí reportan uñas en algunos Grises Altos, por lo cual es posible que algunos Grises efectivamente tengan uñas.

1.4.3 Reptalines

Los reptalines o reptiloides, son seres de estatura similar a un ser humano, con apariencia de lagarto o de reptil. Estos seres normalmente realizan labores similares a aquellas desarrolladas por los Grises Altos, y aunque no parecen ser malignos ni benignos, algunos abducidos sienten temor al verlos, posiblemente como resultado de su apariencia grotesca. Los reptalines llevan a cabo procedimientos físicos complejos e interrogan a los abducidos sobre sus vidas. Las características físicas de los reptalines son:

- Estatura entre 150 cm hasta 180 cm.

- Cabeza similar a una serpiente, con variaciones relevantes.

- Piel escamosa o moteada.

- Comunicación telepática.

- Ojos "de gato", con la pupila alargada verticalmente, ojos no totalmente negros ni tan grandes como los ojos de los Grises.

- Sin nariz, ni orejas.

- Boca.

- Sin órganos sexuales, sin sexo aparente.

- Sin órganos de defecación u eliminación de orines.

La descripción de los reptalines tiende a ser difusa. Cuando son dibujados, la cabeza de los reptalines varía entre la apariencia de un gris, hasta la apariencia de un dragón, serpiente, o cocodrilo. Podría tratarse de un grupo heterogéneo, con distintos tipos de seres. Además, contrario a lo que los abducidos creen, los reptalines no son particularmente crueles.

Es posible que los reptalines correspondan a una especie o grupo de especies extraterrestres que han pasado por el mismo proceso de abducciones por el que estamos pasando actualmente los humanos. En tal caso, los reptalines estarían siendo reclutados para ayudar en todo el proceso de las abducciones.

Si bien los reportes de reptalines ocurren con cierta frecuencia por parte de los abducidos, los relatos de reptalines no son tan abundantes como los casos de Grises, o incluso los casos de insectoides, a quienes revisamos a continuación.

1.4.4 Insectoides

Los insectoides o insectalines son seres bastante altos, con apariencia de insecto, muy similares al insecto conocido como Mantis Religiosa. Estos seres parecen estar a cargo del plan de abducciones. Es decir, son los jefes de todo el proceso. Ocasionalmente llevan a cabo la revisión de los abducidos y pueden sostener conversaciones relevantes con los abducidos. Las características físicas de los insectoides son las siguientes:

- Apariencia del insecto conocido como Mantis Religiosa, con la cabeza y los ojos similares a los de un saltamontes, o los ojos de algunas hormigas o mariposas.

- Ojos extremadamente grandes, completamente negros, muy inclinados hacia la parte puntiaguda inferior de la cabeza.

- Apariencia muy extraña, genuinamente inhumana.

- Estatura superior a los 180 cm, muy altos.

- Capacidad de control mental: extremadamente fuerte.

- Cabeza de forma triangular, con una punta hacia abajo.

- Sin boca, sin nariz, sin orejas, sin agujeros de los oídos.

- Sin género sexual, sin órganos sexuales (hasta donde se sabe)

- Algunos insectoides usan una túnica blanca, de cuello alto.

- Sin musculatura humana.

Los insectoides tienen una tendencia mayor que los demás extraterrestres a responder preguntas y en general a sostener conversaciones informativas con los abducidos. Es posible que esto se deba a que dado que son los líderes del programa de abducciones, tienen mayor autoridad para discutir información especial, y a la vez pueden saber que el hecho de entregar cierta información no tendrá repercusiones o consecuencias negativas sobre el éxito del proceso de las abducciones.

Algunos insectoides usan una túnica con solapa de cuello alto. Esto se repite en varios dibujos realizados por los abducidos. Jacobs cree que los insectoides que usan esta túnica de cuello alto son los líderes, y que incluso serían de mayor rango que aquellos insectoides que no usan túnica.

Algunos reportes indican que los insectoides se comunican entre ellos a través de una especie de sonido de cliqueo (Dolan, 2020), aunque también se ha reportado que son los que mejores habilidades telepáticas poseen.

1.4.5 Híbridos

Los híbridos son seres que tienen una mezcla de características humanas y de características de los Grises. Algunos híbridos tienen una apariencia casi humana o incluso son indistinguibles de los humanos normales. Otros híbridos son más similares a los Grises. Los híbridos son probablemente engendrados modificando genéticamente los óvulos y los espermatozoides de los abducidos, incorporándoles de alguna forma las características genéticas de los Grises. Muchos científicos humanos exclamarían escandalizados que tal cosa es sencillamente imposible, pero al parecer no es imposible para una civilización extraterrestre.

En cuanto a sus características físicas, cada híbrido se encuentra ubicado en una escala gradual que fluctúa entre aquellos híbridos muy parecidos a los Grises, y aquellos híbridos extremadamente parecidos a los humanos, existiendo varias etapas intermedias graduales. Esto se logra probablemente en sucesivas generaciones de híbridos, en las cuales se vuelve a realizar una y otra vez el proceso de hibridación entre el material genético de híbrido con el de un abducido humano puro, alcanzándose finalmente un ser indistinguible de los humanos, pero que tiene una característica diferenciadora, que es su capacidad telepática y de control mental. Es decir, los híbridos de última generación lucen como un ser humano común y corriente, pero mantienen una cierta capacidad telepática y de control mental.

El autor David Jacobs en su libro "Walking Among Us" (Jacobs, 2015) ha realizado una clasificación de los tipos híbridos según el grado de avance hacia la apariencia humana:

1. Humanoide Híbrido de etapa temprana

2. Humanoide Híbrido de etapa media

3. Humanoide Híbrido de etapa tardía

4. Humanoide Híbrido de etapa humana

5. Humano Híbrido o "Húbrido"

Los híbridos, según su grado de humanidad, tienen distintas tareas. Aquellos que más se parecen a los Grises se les encarga la tarea de cuidar de los bebés creados por el proceso de abducciones. Aquellos híbridos que no son tan similares a los Grises se ocupan de los híbridos jóvenes. Y los híbridos más similares a los humanos se ocupan de los húbridos, que a su vez son aquellos seres idénticos a los humanos. Dentro de las naves, la vestimenta típica de los híbridos es una prenda que parece una camisa de dormir larga y blanca. Los híbridos de etapas tempranas, medias y tardías viven en las naves extraterrestres y saben poco de la cultura humana. No entienden conceptos tales como tener una celebración de cumpleaños o qué edad tienen. Otros híbridos, algunos, que saben un poco más de la vida en la Tierra, se sienten desdichados por no tener familias, o por no pertenecer a la humanidad, ni tampoco ser iguales a los Grises o insectoides. Son seres que probablemente tienen una existencia aburrida, y sin un sentido claro de pertenencia.

Según Jacobs, la obtención de humanos híbridos, es decir "húbridos", es una de las metas más claras en la agenda de los extraterrestres. ¿Pero cuál es el objetivo de crear a estos seres? Pues bien, sabemos que los húbridos establecen relaciones de larga duración con los humanos, visitándolos, y muchas veces manteniendo relaciones amistosas o sexuales con ellos. Algunos abducidos sienten cariño por los húbridos, otros los odian, y otros se ubican en un punto intermedio entre estas dos posturas. La conclusión de Jacobs respecto de los húbridos, es que a éstos se les encargará la tarea de vivir entre los humanos, aquí en la Tierra. La apariencia del húbrido es la de un humano normal, ni demasiado alto ni demasiado bajo. Físicamente, no son extremadamente bellos, ni tampoco feos.

Dentro de los híbridos cuya apariencia es casi idéntica a la de los humanos, existe un tipo que se puede llamar el "híbrido de seguridad". Los híbridos de la seguridad, se encargan de cuidar a los abducidos y a otros híbridos cuando estos últimos se encuentran dentro de la sociedad humana, en la Tierra. Los híbridos de seguridad solo piensan en su función, la seguridad, al nivel de ser paranoicos al respecto. Su labor es acompañar y mantener a salvo de agresiones a los otros híbridos y húbridos que bajan a la Tierra a cumplir con sus labores. También se preocupan de que los abducidos no le hablen de sus experiencias a otros humanos y no divulguen los procedimientos que ocurren durante las abducciones. En tales casos, los híbridos de seguridad pueden llegar a amenazar al abducido con aplicar castigos con violencia, y en ocasiones cumplir con sus promesas.

Si bien los híbridos tienen un componente genético humano y una biología que tiene bastantes similitudes con los humanos, es posible que existan diferencias funcionales que aun no conocemos, más allá de la ya mencionada capacidad telepática. Por ejemplo, David Jacobs tiene la sospecha de que los híbridos no necesitan dormir. Es posible que los híbridos necesiten dormir muy poco tiempo, y que su genética hayan sido modificada para tal fin.

En general, se sabe poco de las costumbres de los híbridos. No obstante, Jacobs indica que si bien los híbridos de apariencia humana pueden probar, comer y disfrutar las comidas y bebidas fabricadas en nuestra sociedad humana, es posible que utilicen otra forma de obtener energía o que consuman un tipo distinto de alimento cuando están a bordo de las naves extraterrestres. No obstante, se sabe que los híbridos también pueden orinar. Una abducida se percató de que su húbrido habitual se tomó el tiempo de orinar en el baño del hotel donde se encontraban (Jacobs, 2015).

Los niños híbridos que tienen mayor semejanza a los humanos, deben aprender a convivir con los humanos y estar preparados para bajar a vivir a la Tierra, o al menos estar listos para permanecer por algunos periodos en la sociedad humana. Por tanto, deben conocer las costumbres humanas. Para ello deben aprender a jugar juegos con niños humanos, conocer las comidas humanas, conocer los objetos que hay en una casa, etc. Sin embargo, dado que los niños híbridos nacen en un ambiente de alta tecnología extraterrestre, tienen dificultades para utilizar elementos de la vida cotidiana de la sociedad humana. Por ejemplo, en un reporte de un abducido, un niño híbrido de unos 10 años tenía miedo de apoyar su espalda en el respaldo de una silla porque dicho respaldo era blando y el niño sentía que podía irse hacia atrás, demostrando lo extraña que resulta la sociedad humana para los híbridos, y en particular para los niños híbridos. Adicionalmente, este niño no estaba interesado en videojuegos, lo cual suma puntos adicionales a lo extraño de la forma de ser de los niños híbridos.

Los híbridos de apariencia humana, ocasionalmente pueden conversar con los abducidos. En una conversación con una abducida, el híbrido le relató que no él contaba con familiares o parientes a bordo de la nave. El abducido aclaró que si bien es capaz de saber quiénes son sus progenitores si es que consulta los archivos, no existe una relación o apego con ellos, ni mucho menos vida familiar. Es posible que la vida de los híbridos sea una existencia de soledad y de sacrificio.

Ilustración 1-1: Dos tipos de seres que abducen.

A la izquierda un extraterrestre del tipo Insectoide. A la derecha un ser del tipo Gris Alto. Interpretación del autor.

1.5   EVOLUCIÓN DE LAS ABDUCCIONES

Como es razonable en una situación realista, los reportes del fenómeno de las abducciones han ido evolucionando en forma paulatina y consistente a través de los años en que ha sido investigado por los estudiosos. En parte, la evolución podría ser solo aparente, pudiendo deberse al aprendizaje de nueva información que los investigadores han ido adquiriendo gradualmente sobre el fenómeno. Pero por otro lado, es un hecho que el fenómeno en sí, también ha evolucionado, es decir, que han aparecido nuevos actores y dinámicas de comportamiento dentro de las abducciones. Es decir, el proceso llevado a cabo por los extraterrestres ha ido quemando etapas. Esto es esperable, pues todo suceso o proceso real, tiene un comienzo, un desarrollo, y un término, y aunque el término del proceso de las abducciones humanas aun no ha ocurrido, es esperable que algún día se acabe.

En los primeros relatos publicados en la literatura, desde el año 1965 en adelante, mi impresión es que se enfatizó el aspecto de "procedimientos médicos" durante las abducciones. Es decir, los relatos de los abducidos se centraron tradicionalmente en lo que ocurre cuando los abducidos están sobre la mesa de operaciones, donde destacaba bastante el hecho de que los procedimientos eran realizados por los Grises y que estos procedimientos causaban gran incomodidad en los abducidos, centrándose también en los tiempos perdidos experimentados por las víctimas y en la apariencia de los Grises. En su libro "Missing Time" del año 1980, el investigador Budd Hopkins se centró, por ejemplo, en los avistamientos del platillo volador que ocurrían al inicio de una abducción, y en los tiempos perdidos experimentados por las víctimas.

Debe aclararse que si bien el primer caso reportado mediáticamente fue en el año 1965, sobre una abducción ocurrida en 1961, en años posteriores los investigadores fueron desenterrando casos anteriores al año 1961. Por ejemplo, está el caso sospechoso del guía de boy-scouts Sonny Desvergers, quien en 1953 informó haber visto un platillo volador desde muy cerca, y haber perdido el conocimiento durante aproximadamente 45 minutos, incluso indicando vagamente que había visto creaturas. El reporte fue realizado a la Fuerza Área de Estados Unidos, pero fue desestimado como un fraude, a pesar de que el pasto y algunos árboles resultaron con quemaduras después del caso. Los investigadores siguieron encontrando relatos de casos ocurridos antes de 1961, llegando a la conclusión de que el fenómeno de las abducciones comenzó alrededor del año 1900 (Jacobs, 2009), varias décadas antes de la ocurrencia del caso del OVNI estrellado en Roswell, en 1947, y también antes de lo que se puede llamar el comienzo de la ufología moderna (como disciplina del conocimiento) con el avistamiento de Kenneth Arnold, el 24 de Junio de 1947.

Ya en los años 90, los relatos se vuelven más abiertos en lo que respecta a la componente sexual. Esto se debe principalmente a que la componente sexual muy posiblemente había sido reprimida de los relatos de años anteriores por razones de pudicia y vergüenza tanto de parte de los abducidos, como de los autores e investigadores. Pero la verdad siempre sale a flote, y es así como al final de la década de los 80 y comienzos de los 90 se fue confirmando que los seres Grises extraían semen de los hombres y óvulos de las mujeres, inmiscuyéndose fuertemente con el ciclo reproductivo femenino. Algunas mujeres comenzaron a reportar que los seres las hacían sentir orgasmos mediante manipulación mental (Jacobs, 1992), en contra de su voluntad. En 1998, David Jacobs, va más allá y sugiere que el orgasmo femenino podría corresponder a una estrategia de los extraterrestres para promover la ovulación de las mujeres, para así extraerles los óvulos. Esto es contrario a lo que se conoce en biología humana, pero como veremos más adelante, podría tener mucho sentido según las nuevas investigaciones científicas.

Como ya podríamos intuir, la componente sexual y reproductiva siempre existió desde los relatos más antiguos publicados (1965, 1966), solo que fue reprimida y no publicada en los primeros artículos y libros. Por ejemplo, Barney Hill reportó que los Grises le extrajeron semen con una especie de manguera que instalaron en su pene. Sintió tanta vergüenza con esta situación que le prohibió a John Fuller, al autor del libro "The Interrupted Journey" que relatase esta parte. Betty Hill, la esposa de Barney, relató que los seres le clavaron una aguja en el abdomen, y según ella, el ser le comunicó que se trataba de un test de embarazo. Otra víctima durante la era temprana de las abducciones, Betty Andreasson, reportó que una aguja fue introducida en su vientre. Andreasson también relató que los Grises se mostraron sorprendidos al notar que ella no tenía útero pues había sido sometida a una histerectomía. Sin dudas, los extraterrestres estaban interesados en su sistema reproductivo. El caso conocido como de Villas Boas, ocurrido en 1957 a un estudiante de derecho, brasileño, también involucró un componente sexual o reproductivo muy importante, pues según su relato, fue raptado y obligado a tener relaciones sexuales con una mujer de baja estatura y de extraña apariencia, con fines aparentemente reproductivos. Este caso fue dado a conocer el año 1962, pero pasó mayormente inadvertido y por consecuencia no fue asimilado por la ufología mundial hasta algunos años después.

Un aspecto importante que se dio a conocer en el año 1987, fue el reporte por parte de Budd Hopkins, en su libro "Intruders", respecto de que algunos abducidos aseguraban haber visto a bebés híbridos, o recién nacidos que parecían ser una mezcla entre humanos y Grises. Como ya se mencionó anteriormente, en estos relatos las mujeres eran ordenadas a tener en sus brazos a los extraños bebes, algunos de los cuales eran muy pequeños, cabiendo en la palma de mano. Pues bien, y como es lógico, a lo largo de los años, los reportes también comenzaron a incluir presencia de niños y adolescentes híbridos, e incluso de híbridos adultos (aunque casi nunca ancianos).

En el año 1998, los reportes comenzaron a hacer evidente que los seres Grises no eran los únicos seres de apariencia extraña a bordo del platillo volador (Jacobs, 1998), pues tal como se ha mencionado en el capítulo 1.4, había varios otros tipos de seres. Es posible que esta variedad de seres haya emergido con anterioridad en los casos de abducción, pero que los investigadores no querían hablar de ello para que los relatos no parecieran demasiado descabellados.

También en 1998, David Jacobs menciona que los abducidos comenzaron a reportar, paulatinamente, que los seres híbridos estaban comenzado a realizar los procedimientos propios de una abducción, es decir que ayudaban en el trabajo de los Grises. Aparentemente, comenzaron realizando labores fáciles tales como limpiar, pero terminaron realizado el trabajo completo de una abducción. Es posible, por tanto, que los híbridos constituyeron, con el correr de los años, una ampliación de la fuerza de trabajo dentro del plan de abducciones.

Para darle un poco de extrañeza al asunto, cerca del año 1993, la investigadora Karla Turner reportó que algunas abducciones parecían ser realizadas por militares (humanos), en conjunción con los extraterrestres. David Jacobs cree que si bien él también se ha encontrado con relatos de abducciones donde participan humanos vestidos de militares, el cree que se trataría de híbridos indistinguibles de humanos que por alguna razón indeterminada, se disfrazan de militares y que incluso utilizan recintos militares abandonados, o sectores desocupados de recintos militares en uso. Recalca Jacobs que no existe evidencia alguna de que los militares norteamericanos estén implicados en las abducciones, pero ha tenido la honestidad de admitir (en cierta entrevista que se le hizo) que la situación de reportes militares durante abducciones ocurre con cierta frecuencia. En lo personal, no sé qué hacer con este aspecto "militar", más que sugerir que debe ser tenido en cuenta dentro de las explicaciones finales que tenga este fenómeno.

Aproximadamente a partir del año 2003 comenzaron a ocurrir reportes asociados a aquellos híbridos prácticamente indistinguibles de los humanos, los húbridos, quienes incluso acompañaban al abducido en su entorno terrestre, es decir en su casa, en el centro comercial, en su auto, o en un paseo. Otros híbridos comenzaron a vivir en casas y departamentos en ciudades de Estados Unidos (y posiblemente otros países). Estos seres conservaban su capacidad de controlar mentalmente a los abducidos, pero ocasionalmente se encontraban con sus "amigos" terrestres sin necesidad de controlarlos mentalmente. La actividad de húbridos operando en ambientes terrestres en presencia de otras personas fue reportada por Budd Hopkins (Hopkins, 2003) y por David Jacobs en su libro Walking Among Us (Jacobs, 2015), aunque es posible que algunos híbridos o húbridos probablemente ya estaban operando entre nosotros desde los años 80, y posiblemente antes.

Según lo relatado, los híbridos podían ir a la casa del abducido con varios acompañantes (híbridos también) consultándole a éste sobre cosas muy cotidianas, ocasionalmente absurdamente simples, tales como para qué sirve el televisor, a qué horas se debe mirar el televisor o si las mascotas sirven para comérselas. Estos seres aprendices bombardean a los abducidos con este tipo de preguntas muy simples. A partir de lo anterior, da la impresión de que su intención es entender cómo se vive en la cotidianidad de la cultura humana, aunque también es claro que la cantidad de cosas que deben aprender es inmensa.

El investigador David Jacobs, ha terminado por concluir, en contra de su creencia inicial, pero en forma bastante categórica y valiente, que estos seres desean vivir entre nosotros, y que de hecho, ya están entre nosotros, posiblemente en un intento de colonizar nuestra sociedad desde dentro. Los híbridos ya están viviendo en ciudades de los Estados Unidos, y probablemente en otras ciudades civilizadas del mundo, tratando de adaptarse a la forma de vivir de los humanos. David Jacobs ha admitido varias veces su vergüenza respecto a esta conclusión, y relata que hasta el año 2000, cuando se le preguntaba sobre si los extraterrestres estaban entre nosotros, él orgullosamente respondía que 'no, que eso era ridículo'. No obstante, posteriormente ha reconocido tener que ir cambiando su opinión debido a los múltiples relatos de personas que aseguran que los seres híbridos están aclimatándose a nuestra vida cotidiana, y que ya están viviendo en nuestro mundo.

En el año 2007, David Jacobs detectó un aumento brusco en la frecuencia de abducciones, y existen reportes de abducciones posteriores, incluso llegando hasta años muy recientes. Por ejemplo, Robert Hastings, un ufólogo tradicional (es decir que no investiga las abducciones), hace poco tiempo declaró en su último libro, que él también es un abducido, que probablemente ha tenido una vida de abducciones y que, por ejemplo, sufrió una abducción el 2019, a la edad de 69 años (Hastings, 2019). Por tanto, no hay ninguna razón, absolutamente ninguna, para creer que las abducciones se han detenido a la fecha en que escribo este libro (año 2023).

1.6   DEFINICIÓN DE ABDUCCIÓN

Clásicamente se ha considerado una abducción extraterrestre como el acto de raptar a una víctima de su entorno normal, llevarlo a un platillo volador, y realizarle operaciones de tipo médico o procedimientos de diversa índole sobre una camilla o mesa especial.

Aplicar el concepto de "experimentos científicos extraterrestres" o "investigaciones científicas extraterrestres", a lo que ocurre en una abducción es parcialmente erróneo, y debe ser corregido y remplazado por conceptos más adecuados. Los extraterrestres no hacen experimentos con los humanos, sino que realizan monitoreos, pruebas, procedimientos, y operaciones que se repiten sistemáticamente en el tiempo, durante varias décadas de la vida de la persona.

No obstante, existen también intervenciones o visitas realizadas por los seres híbridos en el entorno del mundo humano (casas, calles, centros comerciales), situaciones en las cuales el híbrido controla mentalmente a la víctima. Estas ocurrencias también se pueden catalogar como abducciones, aunque no ocurran dentro de un platillo volador. Por ejemplo, una situación de este tipo podría transcurrir dentro de la casa del abducido o en la calle. Se debe considerar que esto también es una abducción puesto que la víctima es controlada mentalmente, y es obligada a realizar actividades en contra de su voluntad, siendo finalmente obligada a olvidar lo sucedido.

De acuerdo al investigador de abducciones David Jacobs, existen 5 características básicas o pilares de las abducciones. Estos 5 pilares de las abducciones deben ser tenidos en cuenta para explicar la conducta de los extraterrestres:

1. **Clandestinas:** los extraterrestres no quieren que la sociedad humana descubra el programa de las abducciones, y harán todo lo posible por evitar que exista evidencia contundente que delate su presencia y sus actividades, desde hacer que el abducido olvide su experiencia de abducción, hasta hacer que el platillo volador sea invisible para otros testigos.

2. **Globales:** Las abducciones ocurren en todos (o casi todos) los países del mundo. No es un fenómeno meramente estadounidense. Existen abducidos en todos los países del mundo, o al menos en casi todos. Por ejemplo, en mi país Chile, también hay abducidos.

3. **Intergeneracionales:** Las abducciones se realizan en forma hereditaria. Esto quiere decir que si una persona es un abducido, uno puede deducir que los hijos de dicha persona también serán

abducidos. David Jacobs opina que absolutamente todos los hijos de un abducido, también son abducidos, mientras que Budd Hopkins pensaba que *casi* todos los hijos de un abducido, son a su vez abducidos.

4. **Obligatorias:** Las abducciones son iniciadas, controladas y finalizadas por los extraterrestres. El abducido es controlado mentalmente, o bien paralizado. El abducido no puede elegir cual procedimiento se le aplica. El abducido es obligado a cooperar durante una abducción y en general no tiene la opción de evitar ser abducido.

5. **Repetitivas:** Una persona abducida puede ser raptada por los Grises muchas veces durante su vida. La estimación que entrega David Jacobs es que una persona de 40 años de edad podría haber sido abducida cientos de veces durante su vida. Una frecuencia típicamente alta, es que se abduzca una persona cada 4 días aproximadamente. Por otra parte, una estimación para las personas que son abducidas con baja frecuencia, sería de 4, 5 o 10 veces por año.

Las abducciones le ocurren a una persona desde una edad muy temprana, desde que es un bebé, hasta una edad avanzada, por debajo de los 80 años. Gente extremadamente vieja, o que sufre de ceguera, o que tiene una minusvalía grave, no es abducida. Cierta vez consulté a un investigador joven, con suficiente experiencia en abducciones, que si los abducidos son exclusivamente personas heterosexuales, y me respondió que hasta donde él había podido aprender, el ser abducido no tenía relación alguna con las preferencias sexuales de la persona.

Si bien los investigadores han descubierto que las abducciones ocurren en todo el mundo, y en todos los continentes, es posible que algunos países tengan menor cantidad de abducidos. También es posible que las personas abducidas en un determinado país, correspondan mayoritariamente al tipo racial predominante de ese país. Por ejemplo, en Estados Unidos, la investigadora Kathleen Marden ha observado que de todos los abducidos que ella ha investigado, solo una minoría pertenece a afroamericanos. Por ejemplo, menciona que de los 300 casos de abducción que ella ha investigado en EEUU, solamente 2 casos provenían de afroamericanos (Marden, 2019). Esto podría deberse a un sesgo sociológico de los investigadores humanos en la elección de los casos que deciden investigar, pero también podría ser una estrategia propia de los extraterrestres. Personalmente, me inclino más por la segunda opción.

1.7 SÍNTOMAS DE QUE USTED PODRÍA SER UN ABDUCIDO

Algunos síntomas que indicarían que usted podría ser un abducido, sin saberlo con certeza, son los siguientes:

- Ha presentado episodios de tiempo perdido, en los que usted se da cuenta de que han transcurrido 1, 2 o 3 horas sin que usted lo notase, o bien algún familiar o amigo que lo esperaba para reunirse, le ha preguntado que donde se ha metido todo este rato y usted no ha sido capaz de dar una explicación.

- Presenta heridas o cicatrices inexplicables en la piel, que aparecieron por primera vez de un día para otro, o de un momento a otro, sin que usted recuerde como se originaron.

- Siente miedo o aprensión cuando ve imágenes de los seres Grises en películas o videos.

- Tiene recuerdos difusos y repentinos de los ojos de los Grises y de sus características: ojos completamente negros, grandes, amenazantes.

- Ha tenido experiencias extrañas, tales como despertar en un lugar al que no recuerda cómo llegó, o ver desaparecer repentinamente a un pariente, ver paralizados a sus familiares, despertar vistiendo la ropa de otra persona, etc.

- Ha tenido experiencias presumiblemente paranormales, tales como el denominado "desdoblamiento", "viajes astrales", "ver fantasmas" o siente que existe una especie de realidad superior, de la que nadie más sospecha.

- Recuerda haberse topado, en circunstancias confusas, con animales de ojos oscuros tales como búhos, ciervos, conejos, mapaches, colibríes, etc., o bien personajes extraños, tales como payasos o personas vestidas con ropas elegantes de épocas antiguas.

- Alguien de su familia lo ha visto a usted desaparecer repentinamente o interactuar con Grises o seres extraños.

- Se siente sucio de forma repentina, sin una explicación.

- Siente irritación, dolor, o sequedad en los ojos, con la sensación de haber visto luces muy fuertes.

- Amanece o tiene problemas con el sangrado de nariz, o manchas de sangre o de color café en la almohada.

- Si es mujer, ha tenido la sensación de estar embarazada por alrededor de 2 meses para después darse cuenta de que ya no está embarazada.

- Si es mujer, a veces puede despertar con una sustancia clara y pegajosa saliendo de su vagina, u otras situaciones extrañas con su vagina (aunque claro, estos síntomas podrían también significar que debe visitar a su médico por alguna dolencia médica).

- Si uno de sus padres manifiesta los síntomas de arriba, es posible que él o ella sea abducido, y en tal caso es muy posible que usted también lo sea.

- Ha visto deambular bolas de luz o un enjambre de chispas por el interior de su casa.

- Ha visto OVNIs o luces extrañas *varias* veces en su vida. Es posible que los recuerdos de dichos avistamientos de OVNIs sean difusos, o cueste recordarlos. Otro efecto curioso que ocurre, es que el testigo, aun recordando dichos avistamientos OVNI, siente que son poco importantes, o que no vale la pena investigarlos, fotografiarlos, o hablar de ellos.

Debe tenerse precaución con estas señales, puesto que tener uno o dos de los síntomas listados anteriormente no necesariamente significa que usted, o alguien que conoce, sea abducido. No obstante, a mi juicio, tener más de 5 de estos elementos es una señal fuerte de que alguien es abducido. También debe tenerse en cuenta que algunos (aunque no todos) estos síntomas podrían indicar que usted vive en la misma casa que un abducido, sin que usted sea un abducido propiamente tal.

Si bien el avistar una o dos veces en la vida un OVNI no da para sospechar que alguien sea abducido, cuando la cantidad de veces que ha visto un OVNI es mayor o igual a tres, entonces la sospecha tiene que considerarse seriamente, pero en conjunto con los otros síntomas de la lista anterior.

De alguna extraña forma, algunos abducidos se despiertan en la noche con cierta sorpresa a horas extrañas y sorprendentes, tales como las 2:22, las 3:33, o a las 4:44. No se sabe bien por qué ocurre esto en los abducidos. Presumiblemente esto ocurre después, o antes de una abducción. La explicación más simple que se me ocurre, es que dado que muchos abducidos son raptados muchas veces en su vida, y que normalmente durante la abducción se les pone en un estado de somnolencia, al ser retornados a sus casas, ven la hora en el reloj muchas veces en su vida, estando adormilados después de una abducción. No obstante, en algunos casos en que por puro azar, ha ocurrido que los tres dígitos eran iguales, el cerebro del abducido al ver el patrón especial de números, ha reaccionado y salido del letargo, y los abducidos recordarían justamente ese momento, que les quedaría grabado en sus memorias. Ahora bien, despertarse en la noche y ver los tres dígitos iguales en su reloj de velador no significa necesariamente que usted sea un abducido, ya que esto podría pasarle a cualquier persona, pero claro debiese tenerse en consideración si esta ocurrencia se suma con otros síntomas del listado anterior.

Otra instancia de sospecha de ser abducido es que la persona reconozca como conocidas a algunas personas de las cuales no recuerda ninguna experiencia en común. Es posible que algunos abducidos hayan conocido a otras personas a bordo de una nave extraterrestre, durante una abducción, y no tengan recuerdo consciente de ello. Los hombres y mujeres que durante su vida han logrado confirmar su status de persona abducida, han reportado haberse encontrado con personas en la calle, y haber entablado conversación, para darse cuenta de que ambos ya se conocieron a bordo de una nave extraterrestre durante una abducción. Otros abducidos han reportado haber visto a vecinos de su barrio dentro de los platillos voladores. Y es que a estas alturas del estudio del fenómeno de las abducciones, está claro que existe mucha mayor cantidad de gente abducida en el mundo, de lo que podríamos llegar a creer en principio, por lo cual no sería extraño que un abducido se cruce en la calle con otros posibles abducidos.

Si usted sospecha que es abducido, existe una posibilidad para confirmar que efectivamente lo es. El resultado puede ser emocionalmente chocante, pero si está decidido a hacerlo, sugiero hacer lo siguiente: coloque todos los días, antes de dormir, en alguna parte de su piel (por ejemplo el abdomen, o una pierna) un papel pegado con cinta adhesiva. El papel puede tener algo escrito, por ejemplo una pregunta para los Grises o un mensaje para usted mismo, o un dibujo. En caso de que usted sea abducido esa noche, los Grises realizarán de manera rutinaria una revisión general de su cuerpo, y sin duda notarán la presencia "enigmática" del papel adherido a su piel. Intentarán retirarlo o analizarlo, y le preguntarán por qué está allí. Esa será su oportunidad para adquirir conciencia de la situación, y podrá interpelar al gris, preguntarle algo, y podrá tomar nota mental de la situación y prometerse a sí mismo hacer un esfuerzo consciente para recordar esta situación, posiblemente evitando la amnesia que viene posteriormente a la abducción. Los resultados no están garantizados, pero podrían aumentar la probabilidad de que usted recuerde el incidente al día siguiente.

Cabe mencionar, quizá como curiosidad, un cuasi síntoma adicional que ocurre solamente en algunos abducidos, y que corresponde a un odio y rechazo bastante fuerte contra el fenómeno OVNI y cualquier temática que huela a extraterrestres visitando el planeta Tierra. A este tipo de abducidos, que en su interior guardan la duda, el temor, y la sospecha de que son abducidos, el tema OVNI o extraterrestre los pone de muy mal humor, como si se resistieran a aceptar siquiera la posibilidad de que son abducidos. Lo mejor es evitar conversar de abducciones con este tipo de sospechosos. Por otro lado, también debemos considerar que hay personas que *no* son abducidas, y que también sienten cierto rechazo por la temática OVNI.

1.8   PROBLEMAS DE SER ABDUCIDO

El daño que reciben los abducidos puede dividirse en daños físicos y daños psicológicos.

Los problemas físicos pueden ser variados, partiendo por el cansancio que puede sentir un abducido al día siguiente de una abducción. Y claro, dormir menos durante la noche, y ser sometido a procedimientos "médicos", genera un desgaste físico y emocional que puede ir agotando al abducido.

También se pueden generar en el abducido problemas de salud ginecológicos y urológicos, y otros tales como sinusitis, migrañas, sangrado de narices, moretones, heridas punzantes, cicatrices, quemaduras, irritación en los ojos, dolor de oídos, tinnitus, sangrado de oídos, sordera moderada, fatiga crónica, etc. Las heridas punzantes pueden corresponder a pinchazos con algún instrumento del tipo aguja o jeringa.

Si bien no todos los abducidos experimentan problemas psicológicos, algunos abducidos efectivamente sufren bastante por causa de las abducciones. El primer problema que sufren los abducidos es el choque psicológico de descubrir la verdad, el momento en que se dan cuenta de que son abducidos. Es el momento en que la evidencia personal se acumula hasta tal punto que hace imposible que se trate de una mera ilusión. El instante en que la persona se da cuenta de que inequívocamente los Grises se están metiendo en su vida, lógicamente puede, en algunos casos, generar mucho miedo y desazón.

Los problemas psicológicos que pueden venir después son variados, desde el terror de quedarse solo a oscuras o a solas, hasta la necesidad de cambiarse de casa, o de habitación, cambiar de ruta en una carretera, miedo a dormirse, miedo a los doctores, a los dentistas, etc. El miedo y la ansiedad constante a ser abducido, puede generar problemas más serios. La consecuencia psicológica a más largo plazo es la depresión y los pensamientos suicidas o incluso los intentos de suicidio (Jacobs, 1992).

Muchos abducidos sufren una especie de paranoia suave, en la que el abducido lleva todos los sucesos de su vida hacia el miedo de ser abducido. Si siente ruidos, es que lo vienen a buscar los extraterrestres (aunque podría ser cualquier otra cosa). Si ve luces de automóviles, cree que vienen por él. Asimismo, pueden llegar a creer que la culpa de las abducciones la tiene una determinada habitación de su casa, e intentan dormir en otra habitación. Otros duermen armados con cuchillos y pistolas. Otros intentan mudarse de casa, o de ciudad, etc., intentando huir de las abducciones. Lamentablemente todo esto es en vano, pues las abducciones continúan. Los extraterrestres pueden encontrar al abducido en cualquier lugar del mundo en que éste se encuentre.

Ser abducido también puede revestir cierto riesgo leve o moderado de accidentes o percances. Después de volver de una abducción, algunos abducidos han presentado huesos rotos, dientes rotos, tobillos rotos, etc. Un caso de hueso roto en la muñeca ocurrió cuando durante un castigo físico realizado por un híbrido, específicamente un empujón, la mujer abducida cayó al suelo y se rompió una muñeca. Al día siguiente se despertó con el dolor de la fractura sin poder recordar que la había causado. Tan solo después de una sesión hipnótica fue capaz de recordar lo que había ocurrido. Un caso de diente roto ocurrió cuando una abducida decidió patear en la cara a un Gris desprevenido. Después de dar el puntapié, la mujer se dio la vuelta para echar a correr, con la mala suerte de no darse cuenta de un muro que había tras ella, lo que le costó un choque contra el muro y la rotura de su esmalte dental. Otro caso ocurrió cuando una mujer abducida intentó escapar de sus abductores a través de un bosque y cayó en un desnivel del terreno, lo que le provocó una fractura en el tobillo.

Durante la vida de los abducidos, éstos experimentan dificultades para concebir hijos, pero se ha visto que se imponen a las dificultades y eventualmente logran tener a sus bebés. Al parecer, los extraterrestres les permiten a los abducidos tener hijos propios, aunque no es claro, al menos para mí, que los hijos estén libres de haber sido intervenidos genéticamente, de alguna manera, por los extraterrestres. De hecho, algunos investigadores, han detectado una mayor incidencia de niños autistas entre los abducidos, lo cual podría indicar una especie de intervención de los Grises en los niños humanos, hijos regulares de los abducidos.

1.9   LA MISIÓN DE LOS ABDUCIDOS

De acuerdo a lo que ha podido investigarse, es claro que los extraterrestres necesitan de los abducidos. Es decir, los abducidos tienen un papel que jugar dentro del programa de las abducciones. Tienen una misión, un rol, o un trabajo que hacer. Es un trabajo que los abducidos realizan en contra de su voluntad, pero es un trabajo al fin y al cabo. Los abducidos son utilizados para variadas tareas, entre las cuales se puede contar:

- Los hombres proveen espermatozoides para usar como base para generar los seres híbridos.

- Las mujeres proveen óvulos para usar como base para generar los seres híbridos.

- Las mujeres albergan a los fetos de seres híbridos dentro de sus úteros, en una etapa inicial de "embarazo" que dura solamente dos meses.

- Hombres y mujeres abducidos son forzados a mantener relaciones sexuales, en tanto que antes de alcanzarse el clímax masculino el hombre es retirado de la mujer y su semen es recolectado por los Grises.

- Ocasionalmente, las mujeres abducidas son obligadas a estimular sexualmente a otros abducidos para facilitar la posterior extracción de semen mediante implementos especiales.

- Abducidos y abducidas son utilizados por los híbridos para satisfacer sus instintos sexuales, o mejorar la práctica sexual, y posiblemente, para engendrar nuevos híbridos.

- Las mujeres abducidas amamantan a los bebes híbridos, y en ocasiones a dichas mujeres se les informa que los bebés son sus propios hijos.

- Las mujeres deben abrazar, acurrucar y acariciar en sus brazos a los bebes híbridos. En ocasiones deben pintarlos, mediante una especie de brocha, con un líquido claro desconocido, que aparentemente sirve para alimentar a dichos bebes.

- En los últimos años se ha reportado que a los abducidos se les encarga la tarea de detectar a aquellos híbridos que no están listos para ir a vivir a la Tierra, es decir aquellos híbridos que por vestimenta o por apariencia, pudieran ser percibidos como diferentes, por los humanos normales.

- A algunos abducidos adultos se les enseña a controlar mentalmente a los humanos normales.

- Abducidos adultos son enseñados por los Grises a conducir un platillo volador, o enseñados a rescatar lo que sería básicamente 'extraterrestres perseguidos por hordas de humanos enfurecidos', o bien les enseñan a controlar y guiar multitudes humanas fuera de control.

- Los abducidos en ocasiones deben dar consuelo y apoyo moral a los abducidos que están siendo procesados en una cama o mesa de abducciones. Los reportes de esta situación son bastante comunes, y provienen tanto de aquellos abducidos que ejercen el consuelo como de aquellos que lo reciben.

- Los abducidos, tanto niños como adultos deben jugar con niños híbridos, enseñándoles juegos de humanos.

- Los abducidos les enseñan a los híbridos, tanto adultos como niños, como es la vida en la tierra. Los abducidos adultos enseñan a híbridos costumbres cotidianas, enseñándoles a ir a supermercados, centros comerciales, conducir automóviles, tipos de comida que existen, la forma de amoblar un departamento, etc.

Respecto a este último punto, de las enseñanzas, no se sabe bien por qué las costumbres humanas tienen que ser enseñadas una y otra vez por cada abducido a cada grupo pequeño de híbridos en particular. En lugar de eso, los extraterrestres podrían generar un gran compendio o libro, con información compilada, para que sea leído y estudiado por todos los híbridos existentes. Una posible explicación que se me ocurre es la dudosa confiabilidad que puede tener la información recopilada. Es decir, una enseñanza entregada por un ser humano podría estar parcialmente errónea o podría estar desactualizada, y por tanto no ser merecedora de quedar en un gran compendio de información. Por tanto, sería deber y responsabilidad de cada híbrido, hacer un correcto uso y una verificación de la enseñanza recibida en cada caso.

En una ocasión, posiblemente en forma excepcional, un híbrido le encargó a una abducida realizar parte de un procedimiento médico. El procedimiento consistía en cicatrizar un corte en la piel que se le había practicado a una mujer, una pelirroja, que yacía acostada en una mesa de trabajo. La herida no sangraba. El híbrido a cargo, empezó realizando el procedimiento a modo de ejemplo: tomó una especie de lápiz o puntero de luz, y mantuvo la piel de la herida unida, mientras pasaba el lápiz de luz por encima de la incisión, de manera que de alguna forma está se cerró y se sanó. El movimiento debía de hacerse muy lentamente, pero funcionaba. La abducida reportó que quedó un cierto residuo negro sobre la herida, pero que el híbrido retiró este residuo, y no quedaron marcas ni cicatrices del corte. Después, tocó el turno de la abducida que estaba siendo entrenada, y el híbrido a cargo realizó un nuevo corte, siendo a continuación la abducida quien debía realizar la tarea de sanar la incisión, pero ésta no pudo realizar la tarea con demasiada precisión, quemando una parte de la piel sana, de manera que debió volver a intentarlo. Finalmente, el híbrido a cargo debió terminar el trabajo por sí mismo, diciéndole a la abducida que debería ser más precisa y rápida. Este ejemplo muestra que a los abducidos también se les enseña a realizar algunos procedimientos asociados al trabajo de las abducciones.

Algunos abducidos, dado que conocen su situación respecto de que deben ayudar a los Grises en sus múltiples tareas, sienten que están traicionando a la especie humana, y que las actividades que realizan van en contra de la humanidad. No tenemos certeza de si el proceso de las abducciones va en desmedro directo de la humanidad, aunque al final de este libro se intenta predecir el objetivo final de las abducciones y las consecuencias para el futuro de la humanidad. Por mientras, es bueno recordar que los abducidos realizan sus actividades en contra de su voluntad, obligados mentalmente por los Grises y sus acompañantes, y por lo tanto, no se puede considerar que lo que hacen es traición a la humanidad (Jacobs, 2015).

Al parecer, los extraterrestres sienten algún tipo de aprecio mayor por los abducidos que realizan trabajos sociales involucrados en la ayuda a otras personas, a los niños, o al medioambiente. No existe demasiada evidencia de esto, pero se podría sospechar que una posible misión especial de algunos abducidos podría ser mejorar el mundo (nuestro planeta) en el cual podrían llegar a vivir nuestros extraños amigos extraterrestres.

1.10 ERRORES QUE COMETEN LOS EXTRATERRESTRES

Los Grises a veces pueden cometer errores en sus procedimientos típicos. Como se dice usualmente, nadie es perfecto, y por supuesto que los extraterrestres no son la excepción. Si bien los errores cometidos no son demasiado frecuentes, presentan cierta recurrencia. Entre los errores típicos que pueden cometer los Grises, se puede mencionar los siguientes:

1. Abducidos que son devueltos a sus hogares con la ropa de otra persona. Posiblemente esto ocurre cuando la abducción se lleva a cabo en salones grandes (dentro de una nave) en donde hay muchas mesas de trabajo con muchos abducidos.

2. Abducidos que son devueltos con la ropa puesta en forma invertida, de afuera hacia adentro.

3. Abducidos que son devueltos en el patio de sus casas, y éstos, al recuperar la conciencia, no pueden ingresar a la casa porque está cerrado por dentro.

4. Algunos abducidos son devueltos lejos, a cientos de kilómetros, del lugar donde fueron abducidos.

5. Abducidos que fueron raptados cuando conducían su automóvil, son ocasionalmente devueltos dentro de su automóvil, pero en un lugar sin carretera, o en una carretera distinta, bastante lejos del lugar de rapto original.

6. Abducidos que recuerdan lo que ocurrió durante una abducción. Muchos Grises les explican a los abducidos que éstos no serán capaces de recordar lo que ocurrió en una abducción, o que no es bueno que recuerden lo ocurrido. Como ya se dijo en capítulos anteriores, algunos abducidos recuerdan ciertas cosas, y mediante hipnosis investigativa, la capacidad de recordar aumenta y son capaces de recordar prácticamente todo en forma razonable y cronológica. Si bien los investigadores sospechan que la mayoría de las abducciones pasan absolutamente inadvertidas para los abducidos, el hecho de que algunos logren recordar parcialmente lo ocurrido, constituye una falla en el procedimiento extraterrestre.

7. En ocasiones los procedimientos involucran operaciones en abducidos, que producen heridas o cortes en la piel. En tales situaciones lo normal es que el abducido sea devuelto de la abducción con una cicatriz completamente formada (o sin ninguna

cicatriz), pero en ocasiones el procedimiento desafortunadamente falla, y el abducido es devuelto con una herida abierta sangrante inexplicable, la cual al ser investigada posteriormente mediante una sesión de hipnosis, es aclarada en lo que respecta a su origen.

8. Uno de los errores significativos cometidos por extraterrestres involucra los conocidos accidentes de ovnis, que ocurren cuando los ovnis experimentan fallas, lo que los lleva a caer al suelo o a requerir un aterrizaje forzado. En un capítulo posterior, desarrollo por qué no deberíamos sorprendernos por la ocurrencia de este tipo de eventos.

9. La tecnología genética alienígena también es imperfecta. Algunos abducidos han informado haber visto híbridos malformados, tanto bebés como adultos, con deformidades evidentes, con un desarrollo inadecuado o no desarrollado de brazos y piernas, e incluso un caso de mentón distorsionado ((Jacobs, 1998)). Otros abducidos reportaron bebés híbridos con cabezas excesivamente grandes, dos cabezas y un caso de gemelos unidos (Denett, 2019).

Dado que la perfección no es una característica de los extraterrestres que abducen humanos, ciertamente podemos esperar que cometan otros tipos de errores y equivocaciones, más allá de los mencionados anteriormente.

Si bien no es precisamente un error, cabe mencionar que los Grises a veces roban (o toman prestados) objetos de las casas de las abducidos: libros, revistas, etc. Ocasionalmente, las personas culpan a sus propios familiares de los robos. Al cabo de los años, luego de realizadas las hipnosis investigativas, los abducidos rememoran el momento en que los Grises se llevaron las cosas.

1.11 EXPLICACIONES DE LOS INCRÉDULOS

No existe otra buena explicación para el fenómeno de las abducciones que no sea precisamente lo que parecen ser: raptos realizados por seres externos a la humanidad. Los escépticos e incrédulos de los OVNIs y de los extraterrestres han intentado con varias hipótesis alternativas de dudosa calidad, sin obtener ningún éxito intelectualmente honesto o razonable. Las hipótesis escépticas presentadas son variadas, desde la explicación fácil y demasiado simplista, hasta aquellas bastante más rebuscadas, pero absurdas. Aquí van algunas:

Explicación 1: "Los abducidos están locos". Esta es una explicación facilista, para la cual no se presentan evidencias mínimamente contundentes. En la realidad, los abducidos son personas normales, provenientes de distintas clases sociales, tendencias religiosas, de distintas profesiones u ocupaciones, distintas edades y de ambos sexos. Los abducidos son personas genuinamente preocupadas por aquello que les está ocurriendo y sin historiales psicológicos más allá de lo que puede ocurrir en la población humana en general. Por lo tanto, es perfectamente posible que algunos pocos abducidos tengan problemas psicológicos, pero eso no significa que podemos acusarlos de locos, sobre todo si sus relatos coinciden con los relatos de otros abducidos que no tienen problemas psicológicos.

Explicación 2: "Los abducidos se inventan todo con tal de ganar fama o dinero". Es otra explicación simplista y con poca evidencia. El primer problema es que muchos abducidos son reacios a contar sus experiencias por miedo a la ridiculización, por lo cual la hipótesis del buscafamas cabe cómodamente en el terreno de la tontería. Por otra parte, la cantidad de abducidos es tan grande, que el solo hecho de pensar que tantas personas puedan querer cometer fraude, resulta un tanto difícil de tragar, más allá de que la inmensa mayoría de ellos jamás ha ganado un centavo con sus historias. La idea de que los abducidos son en realidad muy numerosos, está basada en un estudio realizado en 1991. Aquel año, David Jacobs, Ron Westrum, y Budd Hopkins condujeron una encuesta en que estimaron que un mínimo de 2% de la población norteamericana podía ser abducida, lo cual equivalía a 6 millones de norteamericanos, en esos años. Esto corresponde a millones de personas en los Estados Unidos y muchos millones más en el mundo. Si bien la estimación consideró un valor conservador de 2%, un valor más cercano a la realidad debería andar cerca del 5% o incluso superior, y posiblemente en aumento.

Explicación 3: "Los abducidos son personas crédulas que han visto demasiadas películas de ciencia ficción o de extraterrestres, o han leído demasiada literatura OVNI". Esta es otra hipótesis simplista

47

que por supuesto no es capaz de explicar los primeros casos de abducciones, tal como por ejemplo el caso de los cónyuges Betty y Barney Hill. En el libro original de 1965, que relata el caso de este matrimonio, se encuentran desde un principio, todos los rasgos principales del fenómeno: seres pequeños, grandes ojos, procedimiento médico de tipo reproductivo, ocurrencia del "tiempo perdido", avistamiento OVNI inicial, etc. Algunos autores escépticos trataron de imponer su teoría de que Betty y Barney Hill habían visto recientemente una serie de ciencia ficción llamada "The Outer Limits", específicamente el capítulo "The Bellero Shield", en donde supuestamente aparecía un ser similar a un gris. Lo cierto es que ni Betty ni Barney Hill nunca declararon haber visto tal serie televisiva, y el supuesto extraterrestre que aparecía en la serie tampoco es que fuera demasiado similar a un gris, pues si bien por una parte tenía una cabeza abultada, por otra parte NO era ni pequeño, ni delgado, que son rasgos característicos de los Grises. El ser que aparecía en la serie además tenía una estatura normal y ojos luminosos, lo cual tampoco corresponde a los Grises.

Explicación 4: "La hipnosis no es una herramienta fiable para recuperar detalles olvidados". Es posible que esta objeción de los escépticos sea válida en el contexto de la experiencia normal de cualquier ser humano. No es posible sacarle muchos más recuerdos a un ser humano normal mediante hipnosis, de lo que él recuerda en forma consciente. No obstante, debemos entender que los abducidos han sido sometidos a una especie de control mental por parte de los extraterrestres, y es posible que la única arma que tienen los investigadores humanos, por débil que esta herramienta sea, es la hipnosis, en tanto que podría ser la única técnica que permitiría contrarrestar los efectos de control mental de los extraterrestres. Adicionalmente, debe aclararse que no todos los relatos de abducciones son obtenidos mediante hipnosis. De hecho, hay personas (aunque pocas) que recuerdan eventos de abducción por sí solas, y sin necesidad de recurrir a la hipnosis o a que algún investigador de abducciones les pregunte. En un capítulo más adelante profundizaré en los aspectos asociados a la hipnosis y los riesgos que conlleva realizarla.

Explicación 5: "Los abducidos en realidad sufren parálisis del sueño y alucinaciones hipnagógicas o hipnopómpicas". Esta explicación escéptica hace referencia a que algunas personas pueden tener alucinaciones al momento de estarse durmiendo (alucinación hipnagógica) o bien al momento de estarse despertando (alucinación hipnopómpica). Estas alucinaciones pueden corresponder a imágenes intensas, sonidos, voces, o sensaciones táctiles, experimentadas por las personas como sensaciones reales. A esto se suma la parálisis de sueño, que ocurre también ocasionalmente durante el proceso de despertarse o de dormirse, y que consiste en la incapacidad de moverse al despertar, la cual es percibida como una situación angustiante o desesperante.

Si bien la idea de que una alucinación hipnagógica se convierta en un relato de abducción más o menos detallado parece ser difícil de tragar, pareciera ser un poco más razonable que la alucinación hipnagógica pueda transformarse en un sueño o pesadilla que pudiera confundirse con una abducción. Adicionalmente, la parálisis de sueño podría explicar la incapacidad de moverse que reportan los abducidos. No obstante lo anterior, la hipótesis hipnagógica/hipnopómpica/parálisis de sueño no explica por qué algunas personas son abducidas cuando van conduciendo un automóvil, o cuando están realizando una actividad cualquiera, durante el día. De acuerdo a David Jacobs, cerca del 60% de los relatos de abducciones ocurren durante el día, y del 40% restante, en algunos casos las personas están en su cama, pero no necesariamente durmiendo, sino leyendo o viendo televisión. Por lo tanto, está hipótesis "hipnagógica/hipnopómpica/parálisis de sueño" no explica la mayoría de los casos de abducción, y además es problemática pues requiere aceptar que las personas pueden confundir los sueños con la realidad, lo cual normalmente no es así.

Explicación 6: "Todas las anteriores". Esta es la explicación final del escéptico. Dirá que cuando alguna de las explicaciones anteriores no sea aplicable, aplicará otra. Por ejemplo, si la persona estaba despierta cuando cree que fue abducida, entonces no puede ser parálisis de sueño, pero sí puede ser un fraude o una persona con alguna enfermedad mental. De esta manera, el escéptico podrá ajustarse cómodamente a cada caso. No obstante, es posible que esta explicación final esté reñida con la famosa regla de la Navaja de Occam, puesto que se postulan demasiadas causas para explicar un conjunto de situaciones que podría explicarse de manera más sencilla con una única explicación general, es decir, que las personas están siendo abducidas de verdad.

A fin de cuentas, la veracidad de las abducciones debe ser verificada por la consistencia de todos los relatos recibidos, y por la evidencia física o circunstancial obtenida de la información que nos entregan los testigos, la cual parece ser consistente y con características que se repiten frecuentemente, elementos que a mi juicio, le confieren certeza a la realidad de las abducciones.

2. SEGUNDA PARTE: CIENCIA Y EVIDENCIA

En esta parte del libro presentaré hechos y conceptos importantes mencionados por los abducidos, y que tienen relación con la ciencias humanas, y que pueden convertirse en predicciones interesantes, o hechos que representan potencial evidencia científica de que las abducciones son reales, y que incluso podrían representar avances científicos futuros para la humanidad.

Si bien esta parte del libro está pensada para los científicos, no se necesita estrictamente ser un científico para entenderla, y cualquier persona interesada en las abducciones podrá seguir aprendiendo de este extraño fenómeno, pues aquí se explican en mayor detalle algunas de las ocurrencias mencionadas en la primera parte, pero el lenguaje es sencillo y entendible para todos.

2.1   IMPLANTES

Durante la historia de las investigaciones sobre abducciones, existen menciones tempranas a lo que se puede interpretar como la implantación de objetos extraños en el cuerpo de los abducidos. Por ejemplo, un par de menciones fueron hechas por la abducida Betty Andreasson (Fowler, 1979), y por Budd Hopkins en 1981, en su libro "Missing Time", aunque bien podrían existir casos en la literatura anterior. En estos relatos, los implantes fueron mencionados como una ocurrencia dentro de la propia abducción, como un recuerdo del abducido respecto de que un objeto fue implantado en alguna parte de su cuerpo por acción de los Grises, o de que un objeto fue retirado. En su libro Secret Life, de 1992, David Jacobs menciona que algunos objetos pequeños y esféricos, aparentemente metálicos, eran insertados o retirados del cuerpo de los abducidos, específicamente en los oídos, nariz, o cavidades paranasales bajo los ojos. Otros lugares donde se realizaban implantes de objetos eran los pies, detrás de las rodillas, en las manos y muñecas, el cuello, los ovarios, el pene, e incluso dentro del cerebro, posiblemente cerca de la glándula pituitaria (Jacobs, 1998).

El cirujano podiatra Dr. Roger Leir se interesó por el estudio de las abducciones debido a sospechas de algunos abducidos al respecto de implantes. Dado que Leir era cirujano de pies, sus cirugías se centraban en estas extremidades, aunque también en las manos.

Las primeras intervenciones quirúrgicas de Leir para extraer estos objetos fueron realizadas en el año 1995. Una intervención y retiro exitoso concluyó con la extracción de un objeto de color Gris con forma de T, de medio centímetro de tamaño, extraído desde el lado derecho del dedo del pie de una paciente abducida, y también con la extracción de otro objeto con forma y tamaño de una semilla de melón, pero con un recubrimiento de color gris oscuro, extraído del lado opuesto del mismo dedo. La otra intervención consistió en el retiro desde el pie de un hombre, de un objeto idéntico al que asemejaba una semilla de melón (Leir, 2014).

Ninguno de los objetos extraídos por el Dr. Leir había generado señales o marcas de cicatrices en la piel, por donde pudieran haber ingresado los implantes al cuerpo, aunque se dice en otros casos, que algunos implantes han aparecido bajo las marcas en la piel conocidas como "Scoop Marks", las cuales aparecen en muchos abducidos. Una "Scoop Mark" corresponde a una pequeña cicatriz redonda, del tamaño de una lenteja, que aparece en la piel de muchos abducidos como una depresión o vaciado o perforación poco profunda y redondeada, en la piel.

El Dr. Leir también notó que *no* existía una respuesta inflamatoria en los tejidos cercanos a los implantes, lo cual es muy extraño desde el punto de vista médico. En el caso del objeto con forma de "T", tampoco existía ninguna disrupción de los tejidos subcutáneos. En los casos mencionados, la capa que recubría los objetos parecía ser una membrana de características biológicas, pero ésta no podía ser cortada fácilmente con el escalpelo, lo cual también fue sorprendente según Leir.

Otra curiosidad notable de los primeros implantes obtenidos por Leir era que los tejidos humanos que envolvían los objetos tenían una gran cantidad de nervios, los que pudieron ser identificados como dentro de la categoría de los "propioceptores", es decir, nervios asociados a la capacidad del cuerpo de sentir su propia posición y velocidad.

Leir logró que un amigo suyo que trabajaba en un laboratorio de pruebas químicas y físicas, pudiera analizar metalúrgicamente uno de los objetos. El amigo se rehusó a realizar un reporte escrito y, posiblemente debido a falta de recursos, fue solo capaz de emitir un juicio respecto de que el material le parecía que se asimilaba al material de meteoritos.

Leir afirmó posteriormente que algunos de los implantes estaban fabricados en materiales compuestos de elementos químicos con "ratios isotópicos" diferentes a los de los mismos elementos encontrados en la Tierra. Por lo tanto, la sospecha de que se trata de materiales de origen extraterrestre es directa y no requiere demasiadas justificaciones.

Leir también ha afirmado que algunos materiales de los implantes corresponden a nanotubos de carbono, una configuración muy especial de átomos de carbono que solo en los recientes años ha comenzado a ser analizada y utilizada por los científicos.

De acuerdo a lo expresado por Leir, una forma de detectar los implantes es mediante un examen de rayos X llevado a cabo con equipamiento médico. No obstante, se puede tener sospechas de la existencia de implantes, basándose en algunas molestias que podría presentar el abducido, por ejemplo, por un pequeño bulto que se asoma en la piel, y que delata la presencia de un objeto debajo.

Otra forma de detectar implantes es utilizando un "detector de pernos", instrumento magnético utilizado por los carpinteros para localizar pernos en las paredes, cuando estos permanecen ocultos tras la pintura o cubierta de papel. Roger Leir también utilizó instrumentos para medir campos magnéticos o eléctricos. De acuerdo a Leir, un campo magnético superior a los 5 mili gauss fue detectado en un sector del pie de un hombre con un implante. Leir también descubrió que, en otro caso de implante, el objeto extraído emitía frecuencias electromagnéticas en los valores 17.68658 GHz y 14.749650 MHz, y en otro caso en frecuencias en los valores 137.72926 MHz y 516.812 GHz.

Una característica muy intrigante y sorprendente de los implantes, descubierta cuando Leir realizaba las cirugías para retirarlos, era la considerable dificultad para retirarlos. En muchas ocasiones, el objeto se movía por sí solo, como si literalmente estuviera evitando ser capturado por las pinzas de Leir o de sus ayudantes. A este respecto, tengo el testimonio de un amigo entrevistado por mí, del cual he sospechado que es abducido, pues ha tenido varios avistamientos OVNI y sucesos extraños en su vida. Hasta este punto, había sido solo una sospecha de mi parte, pero él me relató que sospechaba que tenía un objeto extraño alojado en la nariz y que cierto día estaba hurgueteando en la piel de su nariz, tratando de localizarlo, cuando de repente tuvo la fuerte sensación de que el objeto se movió por sí solo. Él no había leído nada de Roger Leir o de implantes, así que se mostró bastante sorprendido cuando le expliqué sobre la existencia de implantes que "se mueven solos" al "ser molestados", y que habían sido reportado por Roger Leir como sucesos frecuentes. Siendo franco, yo también me sorprendí bastante cuando mi amigo me contó su experiencia, pues anotaba un punto a favor de la credibilidad de Roger Leir.

En otras ocasiones, cuando Leir intentaba retirar un implante, el objeto se fragmentaba al ser tomado con la pinza, teniendo que ser retirado en partes. Posiblemente, el objeto poseía algún tipo de inteligencia tecnológica, por la cual estaba programado para degradarse o autodestruirse a una forma que posiblemente lo hacía menos interesante para el estudio de los científicos o de autoridades humanas.

Algunos doctores han notado cicatrices y perforaciones en los pasajes nasales de los abducidos, aunque en general, los abducidos con implantes sufren durante toda la vida de problemas nasales, sangre de narices, congestión de sinusitis, disminución de la audición, tinnitus, y sangrado de oídos.

En muchas ocasiones los abducidos han relatado haber estornudado los implantes o haberlos descargado de alguna otra forma. En estos casos, el abducido se ha tranquilizado a si mismo pensando que el objeto entró accidentalmente en su cuerpo. Por ejemplo, un abducido típico es capaz de imaginar la explicación de que "el viento empujó el objeto dentro de mi nariz", a lo que se suma el hecho de que a continuación, el propio abducido siente la necesidad de desechar el objeto, tirándolo, por ejemplo, al retrete del baño.

No se sabe cuál es la función que cumplen los implantes, o su utilidad para los Grises. Algunas hipótesis suponen que su objetivo es ayudar a localizar a los abducidos, o facilitar el monitoreo del estado de salud del abducido, o incluso corregir o controlar algún problema de salud que pueda afectar al éxito de las abducciones. También podría ser para el mejoramiento de la comunicación telepática con el abducido, o para facilitar el monitoreo de los pensamientos de los abducidos, en caso de que algún abducido tenga alguna idea o intención que pueda poner en riesgo los objetivos de las abducciones, o que ponga en peligro el secreto de las abducciones.

2.2   PLANETA DE ORIGEN Y VIAJES ESPACIALES

Respecto del planeta de origen de los seres, no se sabe cuál es. No sabemos si tienen un planeta de origen, o varios, o si entre los planetas que habitan hay uno más importante que otro. No lo sabemos con certeza, pero podemos hacer algunas conjeturas.

Según la abducida Betty Hill, los Grises le mostraron un mapa estelar en donde aparecía un conjunto de estrellas que mostraban varias rutas de viajes interestelares. En mi opinión, a pesar de que los recuerdos de Betty difícilmente podrían prestarse para obtener un mapa estelar fiable, la profesora y astrónoma amateur Marjorie Fish creyó ser capaz de inferir cuales fueron las estrellas involucradas en el relato de Betty Hill, prediciendo que el planeta de dónde provenían los seres era uno que pertenecía al sistema solar binario conocido como Zeta Reticuli. Este sistema binario consiste en 2 estrellas que se orbitan mutuamente con un tiempo de órbita de 170.000 años, es decir, ambos soles están separados por una distancia grande, pero aun así están ligados gravitacionalmente.

De acuerdo a David Jacobs, algunos abducidos han preguntado a los Grises de donde provienen éstos, y la respuesta ha sido apuntar a una parte del cielo estrellado. Dado que Zeta Reticuli es visible principalmente desde el hemisferio sur, y dado que los abducidos entrevistados por Jacobs son mayoritariamente estadounidenses, es decir del hemisferio norte, el planeta base de estos seres podría no estar en el sistema binario Zeta Reticuli, como propuso Marjorie Fish.

Otra razón para desechar la hipótesis de Zeta Reticuli es el relato de una abducida, Susan Steiner, quien recuerda haber estado en un planeta arenoso o desértico, con arena dura, con un cielo en donde se observaban 3 soles, uno de los cuales aparentaba tener planetas, mientras que los otros dos no parecían tener planetas. Otra abducida, Michelle Peters, también recuerda que un híbrido le habló de que el planeta de los extraterrestres se encontraba en un sistema muy lejano, con 3 estrellas pequeñas y un planeta (Jacobs, 1998). Es claro que en este momento tenemos poca información, pero más que suficiente para asumir que los extraterrestres tienen como base un planeta ubicado en un sistema estelar ternario (compuesto por 3 estrellas). Ahora bien, el sistema Zeta Reticuli consta de solamente dos estrellas, no tres, por lo cual podemos, no sin riesgo de equivocarnos, volver a descartarlo como el planeta de origen, o base, de los seres.

Pero más allá de lo que uno pueda creer o no creer respecto de la interpretación del mapa interestelar de Marjorie Fish, basado en los recuerdos de Betty Hill, lo cierto es que algunos abducidos relatan que en ocasiones han sido llevados a entornos que parecen claramente ser de otro planeta. Por ejemplo, varios abducidos han reportado haberse encontrado en un planeta desértico o arenoso.

La cosa se pone interesante, desde el punto de vista científico, cuando uno se entera de que algunos expertos humanos, principalmente astrónomos, en años y décadas pasadas, han propuesto la idea de que no podrían existir planetas habitables en torno a sistemas estelares binarios o con múltiples estrellas, debido a que las variabilidades orbitales entre las estrellas harían que la órbita de los planetas asociados fuera inestable, haciendo difícil o imposible la vida en estos planetas (Altschuler, 2008), (Pierce, 2008). De esta manera, lo reportado por ambas abducidas mencionadas, respecto de que el planeta desértico de los extraterrestres aparentemente tendría tres soles, debiera ser algo absurdo y digno de ser descartado rápidamente… ¿No es cierto? Pues no. Lo cierto es que la idea era un poco absurda hasta aproximadamente el año 2008, pero varios artículos científicos nuevos, partiendo alrededor del 2010 y un poco antes, mostraron que no es posible descartar la presencia de planetas habitables en el entorno de estrellas dobles o múltiples, y que de hecho en algunos casos particulares, la estabilidad de tales planetas, ubicados en sistemas estelares binarios o ternarios, podría verse favorecida (Quintana & Lissauer, 2010) (Shevchenko, 2017). Lo interesante es que los reportes de Susan Steiner y Michelle Peters, respecto del planeta desértico con tres soles, datan de los años 1990. ¿Cómo sabían las testigos en aquel entonces, que lo que decían respecto de los tres soles, era científicamente razonable?

Volvamos al relato de las abducidas. Respecto del planeta con 3 soles, y ahora que parece ser un relato razonable desde el punto de vista científico, al realizar una búsqueda, dentro de los sistemas ternarios visibles en el Hemisferio Norte, he encontrado los siguientes:

- El Sistema Polaris, conocido también como Alpha Ursae Minoris, o como la Estrella del Norte, o Estrella Polar, que está en realidad conformado por tres estrellas que se encuentran aproximadamente a 433 años-luz de distancia de la Tierra. Este sistema está compuesto por estrellas de un tamaño considerablemente grande.

- El sistema ternario HD 181068, que se encuentra ubicado a 810 años-luz de distancia, y que consta de una estrella gigante roja y dos estrellas del tipo conocido como "de la secuencia principal", es decir estrellas normales. Las órbitas de estas estrellas se encuentran orientadas de tal manera que las tres estrellas se eclipsan entre sí.

- El Sistema HD 188753, que es un sistema estelar triple ubicado a 150 años luz de la Tierra, en la constelación del Cisne (Signus). La componente A, que corresponde a una estrella del tipo enana amarilla (similar al sol), es orbitada por un par de estrellas muy juntas, B y C, que corresponden a una estrella enana naranja y una enana roja, respectivamente.

- KOI 5, sistema estelar triple, ubicado a 1870 años-luz de la Tierra. Está compuesto por dos estrellas, cada una de masa similar al sol, orbitando una a la otra en un ciclo de 29 años, sistema doble que a su vez es orbitado por una tercera estrella más lejana. A una de las estrellas hermanas se le ha descubierto la presencia de un planeta gigante orbitándola.

Por lo explicado, si yo tuviera que apostar por algún sistema, sería el sistema KOI-5 o quizá el sistema HD 188753, aunque bien pudiera tratarse de algún otro sistema ternario no descubierto aun por nuestros astrónomos. Se debe entender también, que lo más probable es que la civilización que nos visita, pueda estar basada en muchos planetas, además del planeta desértico que hemos estudiado en párrafos anteriores.

Pero no olvidemos que dados los relatos de varios abducidos de haber estado en el planeta desértico mencionado, o en otros lugares extraños, y que algunos abducidos han tenido la sensación de estar en una nave que viaja, y que posteriormente los abducidos han sido retornados a sus casas, nos encontramos obligados a llegar a la conclusión de que los extraterrestres pueden viajar enormes distancias a velocidades mayores a la velocidad de la luz. Esto puede parecerle escandaloso a más de algún entusiasta de nuestra ciencia actual, la cual declara como imposible el hecho de que cualquier objeto pueda superar la velocidad de la luz. Pero yo, aparte de ser entusiasta de la ciencia actual, también soy entusiasta de la ciencia del futuro, en la cual este tipo de capacidades tecnológicas podría ser posible gracias a un mejor entendimiento de las leyes de la física.

2.3   OTRAS DIMENSIONES ESPACIALES

La ciencia actual no tiene una respuesta concreta en torno a la pregunta de si existen dimensiones físicas adicionales a las ya conocidas. En la actualidad sabemos que existen 3 dimensiones espaciales más una dimensión temporal, es decir el tiempo. Existe bastante especulación sobre la existencia de más dimensiones espaciales, pero aun no hay pruebas de que tales dimensiones adicionales realmente existan. Eso sí, debe decirse que existen algunas indicaciones respecto de que debieran existir tales dimensiones. Una indicación fuerte de la existencia de dimensiones espaciales adicionales es la curvatura del espacio-tiempo descrita por la Teoría de la Relatividad General de Einstein, curvatura que ha sido observada por los científicos en torno a objetos muy masivos y pesados, como lo son los planetas, las estrellas, los agujeros negros y otros fenómenos espaciales. Esta teoría sugiere, o a mi juicio, más bien sugiere a gritos, la existencia de otras dimensiones. No obstante, hay algunos físicos que creen que tal curvatura del espacio propuesta por la Teoría de Relatividad General podría ser "intrínseca", es decir que dicha curvatura podría no requerir que existan dimensiones adicionales. Es una idea sumamente extraña, para la cual no existe ningún ejemplo de la vida real o cotidiana que pueda dar cuenta de tal curvatura "intrínseca".

Trataré de explicar este asunto de la curvatura con un ejemplo sencillo. Imagine usted un globo de fiesta de cumpleaños sobre cuya superficie viven tranquilamente un par de hormigas. Para las hormigas, que no pueden saltar ni volar, existen dos dimensiones espaciales en las cuales ellas pueden moverse: norte-sur y este-oeste. Por lo tanto, el mundo donde las hormigas pueden moverse es bidimensional, es decir de dos dimensiones, o 2D. Sin embargo, una de las hormigas, ha detectado que el piso por dónde camina, no es plano, sino que tiene curvatura. En ese momento, la hormiga se da cuenta que el mundo espacial real por donde ella se mueve es 3-dimensional, puesto que la superficie 2D en la cual vive, que es un globo de fiesta de cumpleaños, está en realidad curvada en un espacio tridimensional, y la verdad es que dicha hormiga tiene toda la razón. Lamentablemente para las hormigas, dado que no pueden saltar ni cavar en la superficie del globo, no pueden demostrar que existen 3 dimensiones. Lo mismo ocurre con nuestros científicos, ellos saben que vivimos en un mundo de 3 dimensiones espaciales y una dimensión de tiempo, las cuales están curvadas, pero estos mismos científicos no se atreven a dar el paso lógico de decir que dicha curvatura implica que existen dimensiones espaciales adicionales. Es una situación extraña, en la que dado que nuestros científicos no pueden demostrar fehacientemente que existen dimensiones adicionales, se inventan que la curvatura espacial observada bien podría no necesitar de dimensiones adicionales.

Por otra parte tenemos la Teoría M, muy relacionada con la teoría de Súper Cuerdas, y que es una importante propuesta científica candidata a "Teoría del Todo", es decir, la explicación física de la realidad en que vivimos. Esta teoría solo puede ser entendida y desarrollada por los físicos más astutos o inteligentes de nuestro planeta, y básicamente propone la existencia de un total de nada menos que 11 dimensiones. No obstante, esta Teoría M también tiene detractores y críticos entre los científicos, y además, de acuerdo a dicha teoría, las dimensiones adicionales propuestas estarían compactadas en un espacio tan pequeño que serían absolutamente inaccesibles en la práctica.

Y bien pues que, en resumen, al día de hoy, la respuesta de la ciencia humana a la pregunta de si realmente existen otras dimensiones espaciales es un rotundo "no lo sé".

¿Pero que nos dicen los relatos de los abducidos sobre la posibilidad de dimensiones espaciales adicionales a las ya conocidas?

De acuerdo al relato de la abducida Betty Andreasson, ella fue llevada a otros planetas, pero también fue llevada a un lugar muy extraño que fue descrito por los seres *no* como un planeta, sino simplemente como un "lugar". Si esto es correcto, un lugar que no está en ningún planeta o en ninguna nave espacial, solo puede calificarse como un lugar situado en otro universo o en otra realidad, ajena al universo espacial con planetas y estrellas que conocemos, situación que posiblemente indicaría la presencia o existencia de otras dimensiones espaciales.

No obstante lo mencionado por Betty Andreasson respecto de un lugar extraño, la mayor parte de los relatos de abducidos que son llevados a otros lugares, declaran que se trata de entornos planetarios, con presencia de estrellas o soles en el cielo. Dado que en nuestro sistema solar no hay planetas habitables además de la Tierra, es casi obvio que los abducidos hablan de planetas presumiblemente lejanos, pero son planetas que han sido alcanzados en tiempos de viaje muy reducidos, requiriéndose para ello una velocidad de viaje demasiado rápida. Esto nos lleva a la posibilidad de viajes espaciales que aparentemente se realizan a velocidades superiores a la velocidad de la luz. Y esto implica necesariamente una tecnología de viajes que es imposible según la física actual, sobre todo considerando lo que se conoce como la teoría de la "Relatividad Especial", la cual predice que todo cuerpo que se aproxime siquiera a la velocidad de la luz requeriría cantidades prácticamente infinitas de energía (o sea de combustible), lo cual haría imposible alcanzar la velocidad de la luz para una nave espacial, y mucho menos superar la velocidad de la luz.

Sin embargo, otra posibilidad de viajar a velocidades superiores a la velocidad de la luz la constituiría el viaje a través de dimensiones adicionales, en las cuales las distancias efectivas sean menores (como si nuestras hormigas que viven en la superficie del globo pudieran cavar y salir del otro lado del globo, haciendo un viaje más corto que ir simplemente caminando por la superficie del globo). Esta situación sería posible debido a la fuerte curvatura del espacio tiempo generada por los agujeros negros y agujeros de gusano, los cuales permitirían viajar a través de dichas dimensiones adicionales, pero aun en el marco de la teoría de la Relatividad General (que no es lo mismo que la Relatividad Especial).

Otra posibilidad, sería el viaje "Warp Drive" teorizado por el mejicano Miguel Alcubierre, quien propone una especie de distorsión del espacio generado por la nave espacial, situación que le permitiría a dicha nave alcanzar velocidades superiores a la velocidad de la luz. La idea del "Warp Drive" también es posible en el contexto de las ecuaciones de Einstein de la Relatividad General. No obstante, hay que mencionar que aun así, las propuestas del "Warp Drive" y del viaje a través de agujeros de gusano, corresponden a ideas bastante especulativas, las cuales en caso de resultar correctas, requerirían también de cantidades enormes de energía (combustible), pero que no obstante, son posibilidades teóricamente razonables para unos seres extraterrestres con acceso a altísimas tecnologías. De esta manera, los extraterrestres podrían viajar utilizando otras dimensiones del espacio, o al menos utilizando una fuerte distorsión o curvatura del espacio-tiempo para lograr viajes interestelares.

Otra posible indicación de la existencia de dimensiones adicionales a las dimensiones que conocemos, es el reporte de algunos abducidos respecto del ingreso a naves las cuales desde afuera se ven pequeñas, pero que al estar dentro de la nave, ésta parece tener un espacio mayor al percibido desde el exterior de la nave. Si este tipo de reportes son correctos, entonces una nave que tiene más espacio por dentro que el espacio ocupado por la nave vista desde afuera, implica necesariamente que parte del espacio del interior de la nave, está inserto en otras dimensiones adicionales. Suena a una locura pero ya que estamos aquí, merece mencionarse. Otra explicación, bastante más sencilla, podría ser que todo es una confusión del abducido, el cual podría creer que ha entrado al mismo platillo volador que vio desde afuera. Pero, si el abducido ha pasado por periodos de inconciencia, lo cual sabemos que efectivamente ocurre durante una abducción, podría ocurrir simplemente que el abducido no se percató de que fue trasladado a otra nave mayor.

Una indicación adicional de la existencia de dimensiones espaciales adicionales la constituye el reporte extremadamente frecuente de los abducidos, respecto de que los extraterrestres pueden ingresar a sus casas atravesando las ventanas cerradas, el techo o las paredes, como si fueran fantasmas. Asimismo, el abducido es llevado flotando por el aire atravesando el techo de su casa para salir de ella y ser llevado a la nave, la que se encuentra en las cercanías. Este atravesamiento fantasmal de materiales sólidos es conceptualmente compatible con un desplazamiento muy leve de los abducidos transportados hacia una ubicación en otra dimensión, en la cual la muralla no existe. Por lo tanto, este poder de atravesar ventanas cerradas ciertamente sugiere la existencia de una tecnología capaz de desplazar, aunque sea levemente, los objetos y personas, hacia otras dimensiones.

De esta manera, las indicaciones respecto de que existen otras dimensiones en la literatura de abducciones, si bien no son todo lo abundantes que quisiéramos, desde luego que existen. A la luz de esto, las dimensiones espaciales adicionales bien podrían existir, y a mi juicio personal, existen.

2.4   LA CIENCIA DEL ORGASMO FEMENINO

El orgasmo femenino es un enigma para la ciencia humana, puesto que más allá de que se trata de algo divertido y placentero, los científicos no se ponen de acuerdo sobre cuál es su función biológica. A este enigma, sumaremos otro enigma, el de los orgasmos femeninos durante las abducciones.

Un aspecto científico bastante curioso de las abducciones es la ocurrencia de orgasmos forzados en mujeres. Específicamente estamos hablando aquí del orgasmo femenino. Y es que las mujeres han reportado de forma bastante repetitiva, según escribió Jacobs en 1992, que los Grises lograban provocar orgasmos en ellas, mediante nada más que manipulación telepática y mental (Jacobs, 1992).

Lo enigmático es que, con posterioridad al orgasmo, la abducida de turno relataba que el Gris "bajaba" hacia la entrepierna de la mujer y retiraba algo, que finalmente se deducía que era un óvulo. Jacobs estaba bastante sorprendido por esta situación. ¿Para qué rayos se requería el orgasmo femenino para luego extraer un óvulo de la mujer?

En el caso del orgasmo masculino, la respuesta sería obvia, pues es estrictamente necesario que el orgasmo masculino suceda para que ocurra la eyaculación, y de esta forma los extraterrestres efectivamente pueden obtener el semen del hombre. No obstante, en el caso de las mujeres la cosa no es tan clara, puesto que como sabemos, las mujeres humanas ovulan en forma periódica, cada 28 días aproximadamente. Entonces, ¿para que necesitarían los extraterrestres el orgasmo femenino? La respuesta fácil, pero incorrecta, es que los extraterrestres posiblemente necesitan la lubricación y dilatación de los conductos reproductivos de la mujer para facilitar sus procedimientos de extracción del óvulo.

Pero la explicación correcta parece ser otra. Una abducida, Christine Keneddy, recuerda haber captado las conversaciones mentales de los Grises, en las cuales éstos mencionaban que iban a lograr que ella ovulase mientras estaba en posición ginecológica. El procedimiento realizado incluyó un orgasmo, lo cual causó el enojo de la abducida ante una situación no solicitada. Otra abducida, Gloria Kane, que además es médico, le declaró a David Jacobs que ella estaba segura de que los extraterrestres estaban provocando la liberación de un óvulo mediante manipulación mental. Cuando tenía 16 años, a Gloria se le dijo que ellos estaban alterando la forma en que ella funcionaba internamente, que ahora sería como un conejo, y que al excitarse sexualmente, produciría un óvulo. Esto fue reportado en el año 1998 (Jacobs, 1998).

Esta explicación no pasaría de ser una simple especulación por parte de Jacobs y de la abducida Gloria Kane, sino fuera porque la ciencia humana está estudiando esta misma idea en años recientes, y proponiendo el concepto de que las mujeres habrían perdido, durante el trayecto de la evolución natural de la especie humana, la capacidad de ovular después de un orgasmo, y que esto explica la existencia del orgasmo femenino en el ser humano, habiéndose perdido esta capacidad en el ser humano moderno, pero pudiendo existir el orgasmo femenino en la actualidad por otras razones complementarias: placer sexual, lubricación, etc. Lo notable es que esta hipótesis recién ha venido a aparecer en la literatura científica en el año 2016, dieciocho años después de escribirse el libro "The Threat", en el cual una idea muy similar, fue expuesta de forma anticipada. Si bien la ciencia humana sabe hace bastante tiempo que existen animales que realizan su ovulación gracias al orgasmo, tales como los conejos y gatos, la idea de que los humanos ancestrales también tenían dicha capacidad en épocas pasadas recién aparece en las revistas científicas especializadas en 2016 (Pavlicev, 2016, "The Evolutionary Origin of Female Orgasm").

Más aún, la idea de que los Grises requieren del orgasmo femenino humano para facilitar la concepción ya había aparecido en el libro "Secret Life", en el año 1992, con un adelanto de 24 años. Esto es evidencia de que los relatos de los abducidos tienen bastante sentido desde el punto de vista biológico, y que además revelan un adelanto científico notable por parte de los extraterrestres, posiblemente muy superior al nivel científico humano, según lo cual los extraterrestres son capaces de modificar la biología femenina humana, para hacer que las mujeres puedan ovular prácticamente "a pedido", mediante un orgasmo inducido.

2.5   EMBARAZOS EXTRATERRESTRES

Con respecto a la sensación de un embarazo inexplicable que tienen algunas mujeres abducidas, los investigadores creen que efectivamente se trata de ocasiones en que la mujer se encuentra portando y gestando a un bebé híbrido (humano extraterrestre) en su vientre. En algunas ocasiones, los investigadores han descubierto, mediante radiografías, que una mujer abducida efectivamente se encuentra embarazada inexplicablemente durante estos periodos. En tales ocasiones, aunque la extracción del feto se programe por parte de un doctor, por circunstancias extrañas, el feto desaparece antes de ser extraído. Ocurre también que el doctor a cargo de la extracción se olvida programar la operación. En un caso particular, un objeto extraño de apariencia redonda y orgánica (es decir biológico) se encontraba en el vientre de una mujer, lo cual fue detectado mediante una radiografía. La mujer se mostró muy reticente a que el objeto fuera retirado, y solamente permitió que fuera radiografiado. A la semana siguiente el objeto había desaparecido, pero había dejado la cavidad dentro del abdomen. En otro caso, mostrado en un documental de televisión, una abducida reportó que el técnico del laboratorio médico se mostró muy sorprendido cuando descubrió que ella tenía un saco amniótico sin ningún feto al interior de éste.

Podría decirse que "es un tanto absurdo utilizar a las abducidas para gestar a los bebés híbridos", y que "tal tarea podría ser realizada perfectamente por las mujeres híbridas que han sido creadas por los extraterrestres en incubadoras", y que "eso sería más conveniente para los extraterrestres, pues los embarazos extraterrestres no correrían el riesgo de ser descubiertos por algún médico humano." Son argumentos razonables, pero declaraciones de algunos abducidos parecen implicar que la capacidad reproductiva de las mujeres híbridas no es tan buena como la capacidad reproductiva de las mujeres humanas. Según estos reportes, las mujeres híbridas embarazadas parecen presentar problemas de muertes fetales o muerte del bebé recién nacido. Además de lo anterior, otros reportes sugieren que las híbridas parecen tener algunos problemas para engendrar al cruzarse con abducidos humanos, en tanto que la unión de híbridos machos con abducidas humanas parece ser más exitosa (Jacobs, 1998). Por lo tanto, pareciera que las mujeres híbridas son menos fértiles que las mujeres humanas, por lo que los extraterrestres podrían preferir o simplemente necesitar llevar a cabo embarazos exclusivamente en mujeres abducidas.

De esta manera, la gestación de los fetos híbridos está a cargo de las propias abducidas, al menos en los primeros 2 meses del embarazo. Posterior a eso, cuando el feto tiene alrededor de 8 cm de longitud, es retirado por los propios extraterrestres y la mujer deja de sentir que está embarazada, si es que alguna vez pudo darse cuenta. Cuando es retirado, el feto es tan pequeño que cabe en la palma de una mano.

Un Gris le dijo a una abducida que los fetos de los híbridos de etapa tardía (es decir aquellos que más se asemejan a los humanos) no pueden ser sostenidos en incubadoras por periodos largos de tiempo, a diferencia de los fetos híbridos de etapa temprana (más similares a los Grises). Esto es consistente con la realidad de la medicina con respecto al nacimiento de bebés humanos prematuros, ya que es bien sabido por la medicina humana que los bebés humanos que son demasiado prematuros al nacer (menos de 6 meses) no son capaces de sobrevivir demasiado tiempo, y en caso de sobrevivir, quedan con graves secuelas. Todo esto implica que los requerimientos y cuidados que requiere un bebé prematuro van más allá de una simple incubadora. Al parecer, se requieren algunos ingredientes o factores adicionales que solo puede entregar la madre del feto en el interior del útero. Esto explica la necesidad apremiante que tienen los extraterrestres de utilizar a las mujeres humanas para embarazos, que aunque cortos, serían imprescindibles.

David Jacobs asegura que los embriones o fetos a veces son colocados por los Grises dentro del vientre materno de la abducida, pero fuera del útero, y que de todas formas ocurre la gestación del embrión híbrido durante los dos meses habituales. Esta situación tiende a realizase con mujeres abducidas de mayor edad, cuyo sistema reproductivo ya no funciona, o bien con abducidas que se han practicado histerectomías. Se sabe que los extraterrestres pierden parte del interés en las mujeres que ya no tienen sus úteros, pero de todas formas las abducen de cuanto en cuando, y las pueden seguir utilizando para gestar bebés híbridos.

2.6   EL CUIDADO DE LOS BEBÉS HÍBRIDOS

Dentro de los aspectos que la dan un cierto realismo a las historias de abducciones, se encuentran múltiples relatos en los cuales una mujer recuerda haber sido llevada ante la presencia de un bebé híbrido, es decir un bebé que parece ser la cruza entre un ser humano y un ser Gris. El gran investigador de abducciones Budd Hopkins presentó por primera vez este tipo de casos, relacionados con interacciones entre abducidas y bebés híbridos, en el año 1987 (Hopkins, 1987).

El bebé híbrido es muy pequeño al nacer, y durante su desarrollo presenta una apariencia tranquila pero enfermiza. Sus ojos delatan una mirada apacible que parece darle un aspecto de sabiduría, aunque esto puede fascinar o incluso asustar a algunas abducidas. Los bebés híbridos no son regordetes como los bebés puramente humanos, y las piernas, brazos y dedos parecen ser más alargados. La piel es blanca y traslúcida, y no parecen tener mucha musculatura ni grasa. Los bebés híbridos no lloran, y se retuercen bastante menos que los bebés puramente humanos, o simplemente no se retuercen. Estos bebés son descritos como muy livianos de peso, con excepción de la cabeza, que parece ser bastante pesada.

Normalmente, a la abducida se le ordena que debe tomar al bebé en brazos, y que debe darle cariño. En un caso específico el Gris le informó a una abducida que no quería cooperar, que ellos no podían realizar esa labor de sostener al bebé, pero que los humanos sabían bien cómo hacerlo. Le informó que los bebés necesitan el contacto para poder desarrollar sus emociones, que los bebés híbridos necesitaban ser acariciados. Dado que esta abducida se mantuvo reticente a tomar al bebé en sus brazos, el Gris terminó por mostrarse irritado, demostrando así la importancia de la tarea que le estaba pidiendo realizar. Esto se puede generalizar a muchos casos en que los extraterrestres han ejercido presión para que estas tareas de tipo nodriza, sean llevadas a cabo. A otra abducida le fue dicho que si no acariciaba al bebé, éste iba a desarrollar un sarpullido o que enfermaría. Otra abducida reportó tener la sensación de que a los bebés les gustaba ser tomados en brazos.

En otros casos, a las mujeres les fue ordenado darle leche de sus pechos a los bebés, y en ocasiones algo de leche fue efectivamente generada por las mujeres, aunque el reflejo de succión del bebé híbrido normalmente resultaba ser débil.

Las abducidas reportan que después de tomar a los bebés en brazos, éstos parecen mejorar su estado de ánimo y se mueven más. En algunas ocasiones a las abducidas se les informó que el bebé que estaban sosteniendo era su propio hijo. Los extraterrestres también informaron a las mujeres que los niños necesitan a sus madres. Las abducidas también reportaron que la mayoría de los extraterrestres que trabajan y atienden a los bebés híbridos, son, a su vez, Grises femeninos, o híbridos del sexo femenino. Parece ser una situación de puestos de trabajo bastante sexista, pero es así como lo relatan los abducidos. Es posible que el sexo femenino sea, en términos prácticos, el más adecuado para criar bebés, ya sean estos bebés híbridos, o humanos.

En algunos casos, los extraterrestres pueden tratar de engañar a la mujer para que tome en brazos a un bebé híbrido, tratando de convencerla de que el bebé es hermoso, incluso cuando ocasionalmente la mujer sienta repulsión hacia el bebé. En otros casos, los extraterrestres han tratado de controlar la mente de la mujer para que ésta crea que el bebé es de apariencia normal. En otras ocasiones le dicen a la mujer que el bebé es hijo de ella (lo cual a veces resulta ser verdad). En otras ocasiones hacen una especie de montaje o show bastante extraño, en el cual traen el bebé a escondidas, y fingen sacarlo de la mujer, como si fuera un parto, y después hacen que ella tome al bebé. Esta situación tan extraña produce bastante confusión en las mujeres abducidas, pues claramente al momento del show no estaban embarazadas, ni sufrieron ningún dolor de parto. Las mujeres no pueden creer que los Grises puedan pensar que tal "engaño" resultase mínimamente creíble.

Más allá de los detalles descritos, desde el punto de vista de la ciencia humana, es conocido el hecho de que los bebés necesitan cariño y contacto con sus madres. Los animales mamíferos normalmente lamben y acicalan a sus bebes. No es una novedad que el contacto con la piel de otro individuo produce estimulación de diversa índole. Es claro que si los extraterrestres buscan mejorar la capacidad emotiva y de comunicación de los bebés híbridos, están en el camino correcto cuando les solicitan a las madres el tomar a los bebés híbridos en brazos. Pero, posiblemente hay razones de mayor peso para solicitar el contacto entre madre e hijo.

En un reporte de una mujer que mencioné previamente, el Gris le comunicó a la abducida que él no podía abrazar al bebé, pues esto no serviría, que tenía que ser ella quien lo abrazase. En un estudio reciente (Funato, 2020), investigadores japoneses encontraron que el abrazo de un pariente (padre o madre) contribuía a que disminuyeran los latidos de un bebé, produciendo un aumento de la actividad parasimpática, relacionada con la relajación y la digestión del bebé. Los investigadores encontraron que dicha calma no se producía en la misma medida cuando el bebé era abrazado por un extraño. Esto da sustento o realismo al requerimiento de los Grises de que los bebés sean tomados en brazos o abrazados, por sus madres, o en última instancia por seres humanos, y no por los extraterrestres.

Por otra parte, desde el punto de vista médico, y en especial para los bebés que han nacido en forma prematura, estudios científicos han mostrado que un masaje aplicado a bebés prematuros, logra que éstos enfermen menos de infecciones y aumenten más rápido de peso (Cooke, 2015). Por mi parte debo alertar que este tipo de masajes, deben ser realizados por personas profesionales de la salud o médicos, con cremas especiales, en la cantidad y calidad adecuada, de forma tal que se no dañe la piel y salud de los bebés. Dicho esto último, este estudio científico y médico es interesante, pues de acuerdo a los relatos de los abducidos, los bebés híbridos bien podrían ser considerados como bebés prematuros, pues estos bebés son retirados de los vientres de las abducidas luego de solo dos meses de gestación, es decir que serían bebés extremadamente prematuros, y que probablemente solo sobreviven gracias a la avanzadísima medicina extraterrestre, la cual de todas formas requiere algo de ayuda del cuidado de las madres.

Si bien un masaje no es lo mismo que un abrazo, y que un abrazo es distinto a simplemente sostener un bebé, es innegable que existe una relación entre estas actividades. Por ejemplo, en algunos casos a las abducidas les es ordenando sostener al bebé entre sus brazos y cuando la mujer se muestra renuente a cumplir con las expectativas del extraterrestre a cargo, se le da la opción de pintar con una brocha la piel del bebé con un líquido claro. Esta actividad podría tener dos finalidades: reemplazar el efecto masaje para el bebé, y alimentar al bebé.

2.7   SONDAS INCÓMODAS

En algunas ocasiones, los abducidos han reportado la humillante ocurrencia de que los extraterrestres les introducen a través del recto, una especie de sonda o instrumento. Más allá de que estos relatos de exploración incómoda por parte de los Grises se han prestado para múltiples bromas y comentarios burlescos al respecto, podría ser conveniente detenerse a pensar en el asunto de forma seria.

El escritor y especialista en abducciones Preston Denett, basándose en testimonios de algunos abducidos, concluye que estas incómodas exploraciones traseras serían pruebas de diagnóstico, para conocer el estado de salud del abducido. No es una teoría descabellada, los médicos humanos también hacen prospecciones por el mismo sector para determinar aspectos de la salud las personas, pero también hay otras teorías.

Una hipótesis más oscura, fue propuesta por el investigador estadounidense Budd Hopkins, quien opinaba que la sonda trasera podía ser un aparato utilizado para propiciar eléctricamente la eyaculación masculina, cuando otros métodos de recolección de semen fallaban (Hopkins, 2003). Si bien Hopkins lo planteó como una hipótesis, y no conozco otro autor que apoye dicha hipótesis, tiene el mérito de ser una hipótesis que se acopla al esquema general de las abducciones, en el cual los extraterrestres buscan a toda costa implementar su agenda reproductiva, en donde la obtención de esperma y de óvulos humanos es una de las metas más importantes.

Hopkins murió el año 2010, así que lógicamente no puede demostrar su hipótesis. ¿Qué evidencias tenemos de que la hipótesis de Hopkins sea correcta? Pues yo no tengo. Pero sí tengo la siguiente sospecha: Como se explicará más adelante, el gobierno de los EEUU ha recuperado naves extraterrestres estrelladas en Roswell, en el estado de Nuevo México, en Julio de 1947 y en Aztec, también en el estado de Nuevo México, en Marzo de 1948. En dichas naves estrelladas habría sido posible, según mis creencias, encontrar parte del material médico utilizado por los Grises. Si lo anterior es verdadero, el gobierno de los Estados Unidos podría haber encontrado una de estas sondas de electro-estimulación dentro de alguna de dichas naves.

Ahora bien, volviendo a la ciencia humana, la técnica de electro-eyaculación comenzó a aplicarse en seres humanos en el año 1948, y fue aplicada en veteranos de guerra estadounidenses de la segunda guerra mundial que quedaron lisiados o en silla de ruedas. Se realizaron dos publicaciones científicas de los resultados obtenidos. Esto se publicó en el mes de diciembre de 1948, es decir nueve meses después del estrellamiento de Aztek, y casi un año y medio después del estrellamiento de

Roswell. Los autores de los 2 artículos (Munro, Horne, & Paull, 1948) (Horne, Paull, & Munro, 1948) eran los doctores en medicina, Herbert Horne y Donald Munro, y un teniente primero David P. Paull de la Fuerza Aérea de EEUU, también médico urólogo, que sirvió en la segunda guerra mundial como médico de guerra. David P. Paull, después de la guerra trabajó en un Hospital de Washington D.C., y posteriormente se dedicó a ayudar a veteranos de guerra. Tengo la tremenda sospecha de que este militar representa la conexión secreta entre los militares que recuperaron las naves extraterrestres en 1947-1948, y el equipo médico que utilizó tecnología de electro-eyaculación por primera vez en seres humanos. Uno de los obituarios de David P. Paull, menciona que respecto de su trabajo como urólogo, y de su apoyo médico a los veteranos lisiados de la segunda guerra mundial, David Paull dijo lo siguiente: "Sentí que les 'debía' mucho a estos muchachos". Una frase hasta cierto punto esperable, pero aun así, bastante curiosa: ¿Por qué Paull dice que les debía algo, si solo estaba haciendo su trabajo? En respuesta a esta pregunta, uno podría especular que Paull tuvo el gran privilegio de acceder a tecnología extraterrestre, y que a cambio de ello sentía el deber ayudar a implementar esta tecnología en humanos, y así ayudarlos. Aunque esto último es solo una hipótesis, es una posible pista para investigar más a fondo, y comprobar si Hopkins tenía razón.

2.8 HIPNOSIS

En el campo del estudio de las abducciones dentro la ufología, la técnica de la *hipnosis* fue aplicada por vez primera en el caso de abducción de Betty y Barney Hill, por el hipnoterapeuta Benjamin Simon, quien se declaró escéptico de los platillos voladores. Este es un hecho afortunado, porque los escépticos de las abducciones no han podido culpar a Benjamin Simon de manipular a Betty y Barney Hill, o de haberlos obligado a relatar historias fantásticas.

Y por sorprendente que parezca, este famoso procedimiento psicológico conocido como hipnosis ha permitido a muchos investigadores y a centenares o miles de abducidos, conocer de forma razonablemente precisa la secuencia de sucesos que ocurren durante su abducción.

La Asociación Americana de Psicología define a la hipnosis como un estado mental que involucra una atención enfocada, y una conciencia reducida de lo periférico. Principalmente, es un estado mental caracterizado por una capacidad aumentada de respuesta a la sugestión. Si bien parece haber consenso en que la hipnosis es un estado especial de mayor concentración, y de que la persona hipnotizada efectivamente responde mejor a las sugerencias, razonamientos y órdenes del hipnotizador, hay dudas de que la hipnosis pueda mejorar la memoria de eventos pasados. En términos generales, existen discrepancias importantes entre los psicólogos y científicos sobre la definición y características de la hipnosis, es decir que, básicamente, falta mucho por saber sobre la hipnosis. No obstante las dudas, la hipnoterapia ha demostrado ser útil en aliviar, sin necesidad de medicamentos, algunos síntomas de la menopausia y del síndrome del colon irritable.

Volviendo a su aplicación en los abducidos, la experiencia de varios investigadores ha demostrado que al hacer que el abducido adquiera una especie de trance hipnótico, o en algunos casos un simple estado de relajación, el investigador hábil y cuidadoso es capaz de obtener un relato cronológicamente consistente y detallado de lo que ha ocurrido durante una abducción. Como ya se dijo anteriormente, lo normal es que, sin hipnosis, la mayor parte de las víctimas de abducciones son incapaces de recordar voluntariamente lo que ocurrió en un evento de abducción, y que, si llegan a recordar algo, son imágenes o secuencias aisladas e inconexas, o sospechas de que algo raro les ha ocurrido.

Una hipnosis realizada por un investigador experimentado, puede hacer que el abducido recuerde muchos detalles en forma razonablemente cronológica y consistente. De acuerdo a David Jacobs, normalmente la primera sesión de hipnosis es muy poco confiable. Pero ya a partir de la tercera sesión la fiabilidad del relato mejora notablemente. Según recuerdo, en una entrevista realizada a David Jacobs, éste indicó que, de entre 150 personas con sospecha de ser abducidos, solamente en 2 personas la hipnosis no fue útil para recuperar recuerdos de abducción, es decir que la efectividad de la hipnosis para recuperar recuerdos de abducciones es muy alta, mayor al 98.5 %.

Según David Jacobs, a través de la hipnosis los abducidos parecen poder recordar los detalles directamente desde la memoria de largo plazo, sin que haya existido un recuerdo de corto plazo. Jacobs sugiere que es como recordar los detalles por primera vez, de una experiencia de la cual el abducido no tiene ninguna conciencia hasta ese momento.

A pesar de que la hipnosis ha sido criticada y cuestionada en su real capacidad para restituir los recuerdos de las personas, el punto es que parece funcionar muy bien en los casos de abducciones. Y es que normalmente, en situaciones de la vida cotidiana, la hipnosis no será capaz de mejorar sustancialmente los recuerdos de una persona respecto de un evento del pasado. No obstante, y curiosamente, en casos de abducciones pareciera ser que la hipnosis es efectiva. ¿Por qué ocurre esto? No lo sé a ciencia cierta, aunque es posible que si el abducido fue obligado a olvidar los sucesos mediante un procedimiento de sugestión practicado intencionalmente por los Grises, y que este proceso sea de alguna manera equivalente a la hipnosis, es posible que un procedimiento hipnótico sea capaz de revertir el comando inicial para olvidar, y de esta manera hacer que esos recuerdos vuelvan, acabando así con la amnesia. Al fin y al cabo, una de las principales características de la hipnosis es la capacidad aumentada de recibir sugerencias u órdenes de parte del hipnotizador.

Bajo ese concepto, la hipnosis en los casos de abducciones no sería otra cosa que una orden humana realizada por el investigador de la abducción, que se contrapone a la orden inicial de los Grises de olvidar lo que ocurre en la abducción.

¿Pero que evidencia se tiene de que los extraterrestres realmente quieren que los abducidos olviden lo ocurrido durante una abducción? Bueno, por una parte, dada la naturaleza con potencial de trauma psicológico, humillación y peligro que involucran las abducciones, es esperable que todos los sucesos que ocurren durante un rapto extraterrestre tengan una fuerte tendencia natural a ser fácilmente recordados por las personas, por lo cual es razonable proponer que la amnesia respecto de la abducción debiese ser generada o forzada artificialmente por los propios extraterrestres. Y más allá del razonamiento anterior, hay variadas ocasiones reportadas por los abducidos en las cuales los Grises les han dicho explícitamente a las víctimas que ellos olvidarán o que deben olvidar lo recién ocurrido durante la abducción. Evidentemente, algunos abducidos han logrado recordar lo sucedido de todas formas, ya sea debido a su fuerza de voluntad, o con la posterior ayuda de la hipnosis.

Otra hipótesis al respecto del por qué los abducidos olvidarían su recuerdo del rapto, es que dado que la vivencia a la que son sometidos es extremadamente traumática, algunos creen que se gatillaría un mecanismo psicológico de bloqueo de la memoria de la situación vivida, lo que se conoce como amnesia psicogénica, o amnesia dispositiva. Si bien, se trata de una condición reconocida por la psicología, los científicos no han terminado de caracterizar a la amnesia dispositiva como para diferenciarla de la amnesia orgánica (aquella causada por un trauma físico o una enfermedad), por lo cual entra dentro del terreno de la especulación el concluir que los abducidos olvidan la abducción porque su vivencia sea traumática. Lo cierto es que en la mayoría de los relatos de los abducidos, las experiencias vividas son emocionalmente dolorosas, físicamente dolorosas, y muchas veces humillantes. A nadie le gusta ser raptado y sometido a operaciones quirúrgicas o reproductivas durante algunas horas. Sin embargo, a pesar de lo atractiva que pueda parecer la teoría de la amnesia causada por el trauma psicológico, sabemos que son los propios Grises quienes les dicen a los abducidos, al final de algunos procedimientos, que ellos olvidarán todo lo que ha ocurrido durante la abducción.

También es claro que, para una pequeña proporción de abducidos, la experiencia de ser abducido no ha resultado ser traumática, sino que por el contrario, han interpretado positivamente el rapto como haber sido escogidos por los "sabios extraterrestres", aunque ellos también han olvidado la mayoría de sus abducciones Además, los procedimientos realizados a los abducidos están atiborrados de aspectos asociados al control mental y la comunicación telepática, ante lo cual parece lógico pensar que las habilidades hipnóticas de los Grises son de altísimo nivel. De esta manera, es inevitable y muy lógico concluir que la amnesia de los abducidos es causada directamente por los Grises.

No obstante lo anteriormente indicado, la hipnosis debe ser practicada con responsabilidad por el investigador de abducciones, debido a que los recuerdos que afloran durante una sesión hipnótica pueden llegar a ser muy atemorizantes y alarmantes para la persona, a medida que ésta va recuperando los recuerdos. Es decir, la persona podría aterrorizarse y despertar, salir corriendo y accidentarse, atacar a las personas presentes, etc.

Otra razón por la cual la hipnosis debe ser practicada con responsabilidad se debe a la necesidad de obtener información fiable del suceso abductivo. Es así como una de las críticas que suelen hacer los escépticos respecto del uso de la hipnosis, es que el investigador a cargo de la hipnosis bien podría aprovecharse del estado hipnótico del paciente para inculcarle sus propias creencias respecto del fenómeno OVNI o extraterrestre. Es decir, el investigador le estaría transfiriendo sus "alocadas" ideas ufológicas al abducido, el cual estaría a merced del "malvado y fantasioso" investigador. Y, adicionalmente a las malas prácticas que pudieran tener investigadores poco serios, también podría ocurrir que el investigador sea incapaz de detectar a un paciente fantasioso o a un paciente que mezcla la realidad con la fantasía. Pero más allá de lo razonable que son estas preocupaciones, no hay dudas para mí, que existen investigadores competentes y honestos, que evitan insertar sus expectativas propias en los pacientes y que se cercioran cuidadosamente de que los abducidos no están inventándose historias.

¿Cómo puede saber un investigador si la persona a la que está hipnotizando tiene, o no tiene, tendencia a fantasear o a recibir sugerencias de parte del mismo investigador? Un método empleado por David Jacobs es tratar de influenciar al abducido con información inventada o directamente falsa y revisar si el abducido acepta la falsa sugerencia. Por ejemplo, si el abducido dice que entró a una habitación iluminada, el investigador le preguntará: "aja, ¿y la luz provenía de una lámpara amarilla, no es cierto?". Dado que ningún abducido reporta lámparas amarillas durante las abducciones, si el abducido llega a responder afirmativamente, entonces el investigador sabe que tiene que tener más precaución con las siguientes informaciones que suministre el abducido. Otra posibilidad es preguntarle al abducido si el extraterrestre que está examinándolo es obeso, por ejemplo. Dado que nadie reporta extraterrestres obesos (de hecho, nadie reporta extraterrestres comiendo), si el abducido responde afirmativamente, deberá ser tratado con cautela.

Está claro que el investigador debe adquirir una amplia experiencia, y haber recogido múltiples relatos de abducciones para distinguir si la información que está siendo suministrada por el abducido es sospechosa de ser falsa. Es más, cualquier detalle demasiado novedoso entregado por algún abducido debe ser mantenido en la duda por el investigador, hasta que aparezcan otros relatos similares, idealmente de muchos abducidos que reporten un evento que confirme la primera historia. El investigador debe evitar sugerir ideas al abducido, debe evitar guiar el relato del abducido, y no debe modificar de ninguna forma el relato del abducido. Debe limitarse a realizar preguntas simples tales como, ¿Y qué ocurrió después? ¿Cómo era el ser que usted mencionó recién?, como era la habitación?, etc. No debe por ningún motivo interferir en el relato, modificarlo, o pedirle al paciente que le haga preguntas al extraterrestre. Debe entender que la experiencia que relata el abducido ocurrió en el pasado, que no se puede modificar, y que por lo tanto *no puede* aprovechar la oportunidad para preguntar cosas al extraterrestre. Si el abducido recuerda haber preguntado algo al extraterrestre, excelente, pero no se puede preguntar nada adicional durante el recuerdo de una abducción. Si se hace eso, se corre el riesgo de que el abducido comience a inventar o confabular.

Más allá de las dificultades e inconvenientes de la hipnosis, es claro que los investigadores han logrado obtener mucha información corroborada por decenas de testigos que no se conocen mutuamente, lo cual hace que sea virtualmente imposible que los abducidos estén inventándose sus historias de abducción.

Si usted estimado lector, sospecha que es posiblemente un abducido, pero aun así es capaz de llevar una vida plena a pesar de esta incertidumbre, debe pensarlo dos veces antes de proceder a hacerse investigar mediante sesiones de hipnosis, pues lo que podría descubrir podría no gustarle. Por el contrario, si no puede vivir con la incertidumbre, y cree poder sobrellevar con calma la verdad que pueda revelarse, es hora de evaluar esta posibilidad, siempre que sea con un investigador que le brinde confianza. El siguiente paso, que también merece tener mucho cuidado, sería encontrar un buen hipnoterapeuta, que sea responsable, comprensivo y serio, y que tenga algún conocimiento previo respecto de abducciones.

El planteamiento de este libro respecto de las hipnosis, es que la ciencia debe estudiar en mayor profundidad este proceso, pues aparentemente se encuentra en un estado de aprendizaje que tiene mucho potencial de enriquecerse. Dicho en palabras simples, que la ciencia humana de la hipnosis está todavía en pañales, y probablemente requiere la ayuda de una ciencia cercana, como podría ser la neurociencia.

2.9   TELEPATÍA Y CONTROL MENTAL

De los múltiples relatos de abducidos, sabemos que durante el periodo en que transcurre la abducción, el abducido tiene la capacidad de comunicarse mentalmente con los extraterrestres, y también con otros abducidos dentro de la nave, y que incluso es capaz de "escuchar" las conversaciones mentales que ocurren entre los extraterrestres. Aparentemente hay ciertas limitaciones en la capacidad telepática de los abducidos, pues estos pueden "escuchar" conversaciones mentales entre extraterrestres, o entender lo que un extraterrestre les está diciendo mentalmente, pero los abducidos no son capaces de saber lo que el extraterrestre está pensando en su fuero interno. Sin embargo, los extraterrestres sí pueden saber lo que está transcurriendo en el fuero interno del abducido, hasta cierto punto. Por ejemplo, una abducida renuente le comunico a un extraterrestre que no iba a tomar en sus brazos al bebé híbrido, y que si insistían en entregárselo, lo lanzaría con fuerza contra el suelo. El extraterrestre entendió el mensaje, pero no se lo creyó, supo que ella no quería hacerlo en realidad, y le entregó el bebé de todas formas.

Desde el punto de vista científico, sería interesante saber si la capacidad telepática en los abducidos y extraterrestres tiene un origen puramente tecnológico o bien es una capacidad biológica. O quizá se trate de una combinación de tecnología y capacidad biológica. Algunas personas han reportado que su capacidad telepática, básicamente la habilidad de saber lo que están pensando otras personas, ocasionalmente permanece durante un tiempo después de una abducción, perdiéndose esta habilidad dentro de los 7 a 10 días posteriores al rapto. Esta situación sugiere que la telepatía que utilizan los abducidos es de origen biológico, pues, al menos en estos casos, no parece funcionar como el interruptor de una lámpara, que puede apagarse o encenderse cuando los extraterrestres lo desean. Es decir, aparentemente la telepatía es una capacidad principalmente biológica, estimulada por los extraterrestres, y que podría quizá, ser facilitada mediante los implantes tecnológicos que se mencionaron en capítulo 2.1.

¿Pero cómo puede ser que la capacidad telepática en humanos abducidos sea una habilidad biológica, si nunca se ha demostrado que la telepatía tan siquiera exista? Veamos cómo puede resolverse este enigma.

Según Jacobs, la telepatía parece funcionar mejor a distancias cercanas. De esta manera, cuando está dentro de un platillo volador, un abducido escucha solamente las conversaciones cercanas, y no una cacofonía de conversaciones de todos los extraterrestres y abducidos presentes en la nave. Es por ello que podemos sospechar que si la telepatía se debilita a mayores distancias, ésta podría estar basada en la emisión de ondas electromagnéticas provenientes del cerebro y captadas por otro cerebro. Es sabido que el campo eléctrico producido por una carga eléctrica (por ejemplo un electrón) se debilita a mayor distancia de dicho electrón, por lo cual el debilitamiento de la telepatía con la distancia es compatible con el debilitamiento del campo eléctrico, o electromagnético. Por otra parte, es bien sabido que el cerebro funciona en base a reacciones electroquímicas, por lo que hablar de campos electromagnéticos en el cerebro, capaces de afectar otros cerebros, no constituye, en principio, ninguna idea descabellada.

Además de la telepatía, pero relacionado con la misma, está el control mental que ejercen los extraterrestres. Las personas reportan sentirse paralizadas, incapacitadas de moverse antes y durante una abducción. Jacobs también reporta que el control mental parece ser más fuerte mientras más cerca se encuentre el abducido de los extraterrestres. Un caso extremo de cercanía es cuando un extraterrestre acerca su cara y ojos a la cara del abducido, a escasos centímetros de distancia, y lo observa directamente a los ojos. En tales casos, el abducido reporta que siente efectivamente como el extraterrestre afecta intensamente su mente y puede leer de mucho mejor manera sus pensamientos y sensaciones. Este acercamiento extremo que conecta los ojos del extraterrestre con el abducido, constituye un acercamiento íntimo entre cerebros, confirmando la idea de que a mayor cercanía existe una mayor conexión mental. Este procedimiento realizado por los extraterrestres, mencionado en un capítulo anterior, es denominado Mindscan por David Jacobs, lo que traducido corresponde a Escaneo Mental, y es realizado por los Insectoides, por los Grises, y por los híbridos de etapa temprana (similares a los Grises) (Jacobs, 1992). El Escaneo Mental es un procedimiento que se aplica en forma muy frecuente a todos los abducidos, en todas o casi todas las abducciones, es decir que corresponde a una inspección rutinaria.

Siendo honestos, el Escaneo Mental no es algo que debiera sorprendernos. Coloquialmente, las personas siempre comentan que "los ojos son las ventanas del alma", y que uno puede entender de mejor forma las emociones de otras personas mirándolas a los ojos. También es claro que los ojos efectivamente son prácticamente una prolongación del cerebro. De hecho, el nervio óptico del ojo, está conectado directamente al cerebro, y es visible para alguien que se acerque lo suficiente y vea sus ojos con atención, como, por ejemplo, lo hace su oftalmólogo de cabecera. De esta forma, es posible decir que al mirar a los ojos a alguien, se está mirando parte de su cerebro, e interpretando su mente. Entonces, más que las "ventanas del alma", los ojos son las ventanas de la mente.

Aún más, la ciencia reciente también tiene hallazgos para confirmar el concepto de que los ojos sirven para algo más que ver. En un estudio de 2017, los científicos encontraron que cuando un niño y un adulto cantaban una misma canción, y se miraban frontalmente a los ojos, a 70 cm de distancia, las ondas cerebrales de ambos se sincronizaban, lo cual fue medido con electroencefalografías aplicadas al niño y al adulto. Esta sincronización no ocurría cuando la misma dupla cantaba pero no se miraba directamente, sino que de medio-lado (Leong, 2017). Este estudio demuestra que los cerebros humanos se sincronizan en cuanto a sus ondas cerebrales cuando las personas se miran a los ojos directamente, y en mi opinión, sugiere que la telepatía es algo posible, dando además un sustento realista al procedimiento realizado por los extraterrestres, que miran directamente a los ojos a los abducidos (Escaneo Mental, o Mindscan) desde muy cerca, para leer sus pensamientos de mejor forma y controlar sus emociones. Debemos tener en cuenta que Jacobs reportó el fenómeno de Mindscan hace 30 años (Jacobs, 1992), y que el efecto hipnótico y amenazante de los grandes ojos de los Grises fue descrito por el abducido Barney Hill mucho antes, en 1966 (Fuller, 1966), ambas cosas con mucha anticipación al moderno estudio científico mencionado del niño y el adulto.

Otra indicación de que la telepatía y el control mental que ocurre durante las abducciones tiene una componente biológica relevante es el hecho reportado por los abducidos respecto de que la capacidad telepática y de control mental es más fuerte en los seres insectoides, quienes son secundados en esta habilidad por los propios Grises. Un poco más débiles en su capacidad telepática son los híbridos, y aun más débiles son los híbridos que más se asemejan a los humanos, quienes a veces tienen que unir fuerzas entre varios de ellos para poder controlar a un humano sublevado o enojado. Esto denota que mientras más puro es el extraterrestre, su biología (o genética) es más compatible con la telepatía, siendo el ser humano bastante incompetente respecto de su capacidad telepática, la cual sería prácticamente nula comparada con la capacidad telepática de un Gris puro. Digamos que, estaríamos en condiciones de sugerir que la telepatía puede ocurrir de manera natural en humanos puros, aunque tan atenuada que aun no se ha podido demostrar su existencia en forma fehaciente por la ciencia, hasta el momento.

No obstante, al parecer, la telepatía tiene límites, y es que los extraterrestres tampoco pueden acceder a todos los pensamientos de los humanos. En algunos casos, los abducidos han reportado que han sido capaces de ocultar sus verdaderos pensamientos, pero claro, puede ser que esto haya sido una situación excepcional. Lo usual es que un extraterrestre pueda obtener la información que necesita, y obligar telepáticamente al humano a que haga la actividad que el extraterrestre desea, aunque es claro que también hay excepciones a esto último, tal como veremos en un capítulo posterior.

2.10   FUNCIONAMIENTO DEL CEREBRO

No pretendo en este libro tratar de enseñarle al mundo como funciona el cerebro humano. Nuestros científicos modernos ya tienen suficientes dificultades para entender cómo funciona nuestro cerebro, el cual usualmente se menciona como el órgano más complejo conocido, olvidando que el cerebro de los extraterrestres, obviamente, podría ser aun más complejo.

Sin embargo, quizá sea una buena idea intentar agregar al conocimiento humano algunos conceptos que se desprenden de manera bastante evidente de la investigación de las abducciones. Las siguientes ideas no se presentan como evidencia de las abducciones ni como conocimientos científicos establecidos, sino como conceptos relevantes a tenerse en cuenta para el estudio del cerebro humano.

Ya en el capítulo anterior hablamos de la telepatía como una habilidad que posiblemente se encuentra en el cerebro humano, aunque en forma muy minimizada y débil. A mi juicio, la telepatía, como capacidad humana, no es una ocurrencia descabellada. Como se dijo en un capítulo anterior, se sabe que las neuronas pueden ser estimuladas y funcionar debido a fenómenos electroquímicos internos del funcionamiento normal del cerebro, pero a la vez sabemos que los fenómenos eléctricos actúan en forma espacial, y que por tanto pueden extenderse a la distancia, a través de lo que se conoce en física como el campo eléctrico. Por lo tanto, no podemos negar que la actividad de un cerebro podría extenderse más allá del mismo, y afectar otros cerebros, creando así los principios de la telepatía. Si a eso sumamos órganos como los ojos, órganos dedicados a captar cierto tipo de ondas electromagnéticas (es decir luz), el concepto de telepatía comienza a solidificar en algo posible, y que merecería estudiarse.

Otro punto relevante respecto del funcionamiento del cerebro es la capacidad de almacenar información de forma eficiente. David Jacobs ha reportado que los híbridos son capaces de recordar prácticamente todo, y que no olvidan nada de la información que aprenden a través de los abducidos. Esto es sorprendente, puesto que los humanos normalmente olvidamos una buena cantidad de información, y el saber que este proceso puede evitarse, debiera también conllevar, a la larga, a algún avance científico. ¿Cómo hacen los híbridos para recordar todo o casi todo? Sus cerebros son simplemente mejores? O bien es alguna medicina o tratamiento médico que reciben? No lo sabemos, pero es recomendable la búsqueda.

En otro ámbito, los abducidos relatan que en ocasiones los extraterrestres les han solicitado realizar algunos procedimientos, por ejemplo conducir un platillo volador, sin que el abducido sepa cómo realizar dicha tarea. Sin embargo, en tales casos el extraterrestre insiste en que el abducido está capacitado para realizar la tarea sin problemas, y finalmente se revela que efectivamente es así. Es decir, el abducido se da finalmente cuenta de que puede realizar la labor encomendada. De igual manera, a algunos abducidos se les explica que llegará el momento de El Cambio, en el cual los extraterrestres pasarán a vivir entre nosotros, y que en ese momento los abducidos serán de utilidad. Ante la pregunta de cuál será la labor de los abducidos durante El Cambio, el extraterrestre normalmente responde que llegado el momento, el abducido sabrá lo que debe hacer. En un caso particular, una niña pequeña reportó haberse dado cuenta de que un extraterrestre guardó cierta información en su mente, que ella no podía entender, pero que el extraterrestre explicó que le serviría en un momento posterior de su vida. Estas situaciones apuntan hacia la idea de que los extraterrestres tienen la capacidad de almacenar instrucciones e información útil en el cerebro de los abducidos, y enterrarla allí hasta que sea necesario usarla. De manera similar, Jacobs también ha reportado en entrevistas que se le han realizado, que los insectoides, los amos de los Grises, son capaces de transferir o "descargar" a los cerebros de los Grises, las instrucciones detalladas para realizar procedimientos específicos.

Otros, los más audaces, han asegurado que la capacidad de los extraterrestres de almacenar información dentro de un cerebro llega a niveles tan grandes que serían capaces de depositar personalidades completas de extraterrestres individuales dentro del cerebro de un abducido, lo cual parece ser una auténtica locura, si no fuera porque tampoco puede descartarse con ningún argumento, una vez que se ha aceptado que se puede almacenar información dentro de un cerebro, siendo esto último prácticamente una obviedad del mundo.

Como concepto que podría ser asociable a la neurolingüística, el reporte frecuente de los abducidos es que la transferencia de información telepática desde y hacia los extraterrestres (incluyendo a Grises, insectoides e híbridos) corresponde a la comunicación directa de ideas y conceptos, sin el uso de palabras ni lenguaje asociado. Son los propios testigos los que luego de recordar las comunicaciones, las convierten en palabras para explicárselas al investigador de abducciones. Es decir que, los extraterrestres pueden comunicarse con cualquier ser humano, sin necesidad de utilizar un lenguaje específico. Recordemos que los Grises e híbridos tempranos simplemente no pueden hablar con sus bocas, en tanto que los híbridos de etapa tardía o de etapa humana pueden hablar cuando lo desean, pudiendo también usar la telepatía.

2.11 EMOCIONES Y BONDAD EXTRATERRESTRE

Los Grises son seres cuyas emociones *no* son tan fuertes como las emociones de los humanos. Como ya se ha dicho, comparten más o menos las mismas emociones que los humanos, pero atenuadas. De esta manera, es probable que normalmente no sientan furia, aunque sí irritación o molestia. Es posible que no se desesperen en apariencia, pero sí parecen sentir exasperación cuando algún procedimiento va demasiado lento. También pueden sentir entusiasmo ante algún hallazgo especial en el abducido, o satisfacción cuando las cosas salen bien.

Por ejemplo, los Grises que realizaron la abducción de Betty y Barney Hill, por allá por el año 1961, se mostraron entusiasmados al descubrir que Barney utilizaba una prótesis dental y al haber sido capaces de retirarla temporalmente (Fuller, 1966). En otro caso, cuando un humano se pudo liberar y movilizar dentro de una nave extraterrestre, los Grises mostraron una seria preocupación al no poderle controlar. En dicho caso, uno de los Grises Altos le comunicó al abducido que temió por la vida del abducido, en caso de no lograr controlarlo mentalmente.

La razón de que los Grises tengan emociones, a pesar de ser seres que generalmente son emocionalmente fríos y sin expresión facial, puede ser el resultado de que posiblemente ellos también tengan una componente genética humana. También es posible que las emociones básicas estén presentes en todos los seres inteligentes del universo, y que, por lo tanto, los insectoides también tengan un set básico de emociones.

Es realmente difícil imaginar un ser vivo que no se proponga algún objetivo, y que además no sienta frustración o irritación al no poder alcanzar dicho objetivo. Tampoco suena razonable que existan seres que no sientan algún tipo de rechazo por otros seres que representan algún peligro o competencia para su vida. Una especie biológica que no tenga este tipo de emociones básicas simplemente no podría sobrevivir en el tiempo. Podemos por tanto concluir que es perfectamente razonable que los extraterrestres tengan emociones, aunque sean atenuadas o controladas.

Sabemos que los Grises, al trabajar en equipo, pueden presentar desacuerdos entre ellos mismos, e incluso pueden sentir irritación el uno con el otro. No obstante, estas desavenencias jamás escalan hasta convertirse en peleas, y en general los Grises y sus acompañantes se muestran unidos y positivos en frente de los abducidos.

Respecto del sentido del humor, al igual que las otras emociones, los Grises parecen tener un sentido del humor bastante rudimentario y disminuido. Claramente no pueden reír pues no tienen una boca funcional, ni pulmones. En una ocasión un abducido que jovialmente decidió tomarse con buen humor una abducción, lanzó algunas bromas a los Grises, y uno de ellos le preguntó que para qué hacía eso, puesto que ellos (los Grises) no reían. Más allá de la obviedad de que este Gris probablemente no estaba en ese momento para chistes, sí que hay otros casos de Grises que han sido percibidos como si estuvieran "mentalmente sonriendo". Uno de estos casos ocurrió cuando un Gris observaba a un pequeño niño abducido hacer sus jugarretas y terquedades de niño, y un abducido adulto que miraba la escena percibió que el Gris "sonrió mentalmente". En otra ocasión, un Gris hizo un chiste a sus compañeros. Como sabemos, los Grises son todos calvos, y en este caso el pequeño Gris tenía la misión de cortar un mechón de cabello al abducido. Al cortar el mechón de cabello, el Gris tuvo la ocurrencia de ponerse el mechón en su cabeza calva, lo cual un fue un acto jovial que fue bien recibido por sus compañeros.

Pero ¿Son buenos o malos los Grises? En general, puede decirse que los Grises e insectoides no disfrutan haciendo sufrir a los abducidos. Los abducidos sufren dolor y humillación durante los procedimientos, pero esto es hasta cierto punto inevitable. Se han reportado Grises que hacen que el dolor de los abducidos disminuya o desaparezca, de manera que puede decirse que al menos intentan disminuir el sufrimiento humano. Hay algunas excepciones a esta regla. Por ejemplo, Jacobs reportó un abducido al que casi siempre se le realizaban procedimientos que le provocaban muchísimo dolor. Cierta vez, después de un procedimiento particularmente doloroso, el abducido se desmayó a causa del dolor. Al despertar, le pidió explicaciones al Gris a cargo, quien le respondió que el procedimiento "debía de hacerse" (Jacobs, 1992). Es claro a partir de esta respuesta, que los procedimientos específicos de dolor pueden ser estrictamente necesarios, y no un trato violento o malévolo de parte del Gris.

La cosa se pone bastante más complicada en el caso de los híbridos. A medida que los híbridos son más similares a los humanos, las emociones también parecen aflorar de manera más fuerte. Algunos híbridos han mostrado ser muy violentos y crueles con los abducidos, o celosos, cuando se han enamorado de alguna abducida. Un Gris le comunicó a un abducido que ellos tenían problemas bastante serios para controlar a los híbridos, pues algunos eran demasiado emotivos. No obstante lo anterior, aparentemente, la mayoría de los híbridos son personas tranquilas.

2.12   AUTISMO Y EXTRATERRESTRES

Algunos híbridos parecen sufrir de otro tipo de problemas, aparentemente relacionados con la falta de expresión de las emociones, como si sufrieran algún trastorno del espectro autista, o algo similar. Una abducida se quejaba de que el híbrido que se relaciona con ella, al que ella llama Ken, le recuerda a una persona autista. La abducida reportó que "la inteligencia está allí, pero que las habilidades sociales simplemente están ausentes" (Jacobs, 2015).

Es posible que algunos híbridos, al ser su genética parcialmente extraterrestre, sufran problemas para manejar las emociones y las relaciones sociales. En el capítulo anterior mencionamos a híbridos excesivamente crueles o propensos a las pasiones descontroladas, lo cual, junto con otros casos de posibles grados de autismo, soporta aun más la idea general de que el manejo de las emociones en los híbridos parece ser un problema considerable para los Grises. Por otra parte, los hijos normales de un humano no abducido y uno abducido también parecen tener alguna incidencia o mayor probabilidad de autismo o de condiciones similares. El investigador Michael Menkin asegura que muchas familias de abducidos que él ha ayudado, tienen hijos con autismo. Menkin cree que los hijos con autismo de los abducidos se deben a la ineptitud de los extraterrestres para realizar sus procedimientos genéticos. Parece ser una teoría exagerada, pero por otra parte es razonable deducir que algo de responsabilidad podrían tener los extraterrestres en esta especie de propagación del autismo de los últimos años. Por su parte, el autor e investigador de abducciones Preston Denett, también se ha percatado de que efectivamente hay una incidencia importante de casos de condiciones relacionadas con el autismo en los abducidos que a él le ha tocado investigar.

El hecho de que algunos hijos de abducidos tengan autismo, puede significar que los mismos procedimientos reproductivos realizados por los extraterrestres en el abducido han terminado afectando genéticamente, de alguna forma, a los hijos de los abducidos, posiblemente gatillando el problema del autismo. El libro de Preston Denett menciona a una abducida que cuidaba niños autistas, y que relató en una ocasión que un Gris que se comunicó con ella, se mostraba muy preocupado por la existencia del autismo, y que le dio a ella varias indicaciones sobre cómo debía tratarse a estos niños. Es posible que los Grises sepan cómo tratar el autismo, pero aparentemente no pueden curarlo completamente.

Debe notarse que la hipótesis de que el autismo ha sido generado por la actividad extraterrestre asociada a las abducciones, si bien no cuenta con evidencia, parece tener algo de sentido histórico. Debe notarse que el autismo apareció en la primera mitad de siglo XX. Por otra parte, hemos mencionado anteriormente que las abducciones comenzaron a principios del siglo XX (cerca del año 1900). Es decir que si el plan de abducciones comenzó cerca de 1900 o 1910, y suponemos que ha sido el causante de la epidemia de autismo, podemos esperar el comienzo de los casos de autismo en 1920, 1930 o 1940, habiendo por tanto una extraña relación de las abducciones, con el comienzo de la epidemia de autismo, que ocurrió con cierta posterioridad al comienzo de las abducciones. Otra posibilidad es que esta correlación sea simplemente una coincidencia, pero bien podría tener una conexión, como veremos a continuación.

Jacobs ha mencionado en septiembre de 2018, en una conferencia que dio en Paris, y también en noviembre del 2019 (en una entrevista de Larry Sparano a David Jacobs, publicada en youtube en diciembre del 2019), que algunos abducidos han sido informados por extraterrestres acerca de la idea de que los propios extraterrestres provocaron la diseminación de un virus o alguna sustancia similar, alrededor del mundo, que infectó a algunos humanos. De acuerdo a lo señalado por Jacobs, esta sustancia o virus inhalado afectó los cerebros de las personas, muchos de los cuales se convirtieron, en aquel entonces, en sujetos factibles de ser abducidos.

Mi creencia es que este evento de diseminación de dicho "virus" debió haber ocurrido a principios del siglo XX, en algún momento cercano al año 1900 o 1910, que es aproximadamente cuando se sospecha que comenzaron las abducciones. Desde ahí solo podemos especular de manera descarada ¿Es posible que esta sustancia o virus sea el responsable de la epidemia de autismo que sobrevino en los años posteriores? ¿O simplemente se trata de que los reiterados intentos de hibridar humanos con Grises, han sido defectuosos, y por lo tanto han ido desembocado, en la epidemia de autismo que se vive en el mundo? De esta manera, la conclusión es que los extraterrestres no son seres divinos que lo saben todo, y que su ciencia tiene algunas falencias, sobre todo en campos científicos que deben de ser extremadamente complejos, como lo sería claramente la hibridación entre individuos provenientes de distintos planetas.

2.13 ALZHEIMER Y EXTRATERRESTRES

La enfermedad de Alzheimer es un trastorno neurológico progresivo caracterizado por el declive gradual e irreversible en la función cognitiva. Es la causa más común de demencia, afectando la memoria, el pensamiento y el comportamiento. Inicialmente, las personas pueden experimentar lapsos de memoria y dificultad con tareas simples, pero a medida que la enfermedad avanza, puede llevar a una grave discapacidad en la vida diaria.

Tal como se explicará en un capítulo posterior, sabemos que los extraterrestres tienen la capacidad de curar muchas enfermedades, aunque no siempre estén dispuestos a hacerlo. No obstante, al parecer, los extraterrestres tienen algunas limitaciones con las enfermedades o condiciones asociadas al funcionamiento del cerebro. El autismo, mencionado en el capítulo anterior, es un ejemplo. El síndrome de Alzheimer, podría ser otra condición, o más bien en este caso una grave enfermedad, en la cual los extraterrestres no pueden hacer mucho para mejorarla.

El investigador Preston Denett, que en su reciente libro ha hecho un recuento de alrededor de 300 casos de curaciones realizadas por extraterrestres, no menciona ningún caso de curación del mal de Alzheimer, ni uno solo (Denett, 2019). Aparentemente, o bien nuestros amigos Grises no son capaces de curar el mal de Alzheimer en los abducidos, o bien, el requisito para poder ser un abducido en toda regla es no tener ningún riesgo genético de desarrollar dicha enfermedad.

Al igual que con el autismo, la incidencia de los casos de Alzheimer también creció significativamente durante todo el siglo XX, aunque aparentemente hay casos aislados de Alzheimer (o demencia senil) desde mucho antes del año 1900. ¿Es la explosión del Alzheimer ocurrida en el siglo XX y XXI otra mera coincidencia, que ocurre al mismo tiempo que la era de las abducciones? Espero que sí.

2.14 INTELIGENCIA DE LOS EXTRATERRESTRES

La definición de inteligencia no es asunto fácil. Nuestros científicos no terminan de ponerse de acuerdo en que es la inteligencia, pero podríamos definirla provisoriamente como una mezcla de varios factores: capacidad de adaptación a los cambios, de resolución de problemas, de modificar el medio ambiente, de planificar el futuro, de utilizar herramientas, y de conseguir las metas planificadas.

De acuerdo a David Jacobs, los seres híbridos tienen una excelente memoria, y a pesar de que desconocen muchos elementos de la convivencia humana cotidiana, tienen la capacidad de incorporar aquello que van aprendiendo sin olvidar ni un poco de dicha información. También son capaces de entender la información de manera fácil.

¿Qué ocurre con la inteligencia de los pequeños seres Grises? No lo sabemos a ciencia cierta, pero el gran tamaño de su cerebro es sin duda un indicio importante a considerar. Sabemos que el tamaño del cerebro es un indicador relevante de la inteligencia o capacidad mental de un animal terrestre. El ser humano, durante su historia evolutiva, ha visto incrementar el tamaño de su cerebro de manera bastante sostenida, con pocas variaciones, desde el *Australopitecus* hasta el actual *homo Sapiens*, lo cual ha coincidido con el aumento de su inteligencia. Todo el reino animal sigue esta regla, aunque con algunas excepciones notables. Por ejemplo, se sabe que los loros y cuervos parecen ser animales bastante inteligentes que pueden resolver algunos problemas mediante lo que bien puede denominarse razonamiento. Sin embargo, por otra parte, se sabe que los delfines y elefantes, de cerebros relativamente grandes, son animales bastante inteligentes. Los primates (monos) también cuentan con un cerebro más grande que otros animales de tamaño comparable, por lo cual es correcta la tendencia de que a mayor cerebro, mayor es la inteligencia.

Otro punto a favor de la inteligencia de los Grises es que son extremadamente diligentes, hábiles y considerablemente rápidos para realizar los procedimientos de las abducciones. De acuerdo a los abducidos, sus dedos se mueven rápida y hábilmente realizando una tarea tras otra sobre la piel y cuerpo de los abducidos, tocando, palpando, manipulando, cortando, cicatrizando, etc. Son también capaces de utilizar herramientas altamente tecnológicas, como apoyo, durante las abducciones y por supuesto tienen la capacidad de controlar el "medio ambiente" de la manera más increíble de todas, controlando mentalmente la voluntad y acciones de los humanos abducidos. Bajo esta lógica, y ateniéndose a la definición de inteligencia que hemos dado previamente, los Grises son seres extremadamente inteligentes.

No sabemos bien si es que los Grises tienen una capacidad analítica importante que les permita, por ejemplo, ganar fácilmente una partida de ajedrez a un campeón humano de ajedrez, o resolver ecuaciones matemáticas complejas, o problemas científicos difíciles de roer. Es posible que algunos Grises tengan tales capacidades, pero no tenemos certeza. Es claro que dentro de las tripulaciones dedicadas a las abducciones debieran existir, al menos, algunos extraterrestres altamente especializados que efectivamente posean conocimientos científicos y tecnológicos avanzadísimos.

Si bien no soy una persona religiosa, debo reconocer que la religión es una manifestación de una inteligencia razonablemente elevada. Por ejemplo, en nuestro planeta, la única especie que ha creado religiones es la humanidad. El resto de los animales no tiene la inteligencia suficiente para suponer la posible existencia de Dioses o de seres superiores. Por lo tanto, es interesante saber si los Grises o sus amos insectoides profesan alguna religión.

Pues bien, la respuesta es no. Los Grises no parecen profesar ningún tipo de religión. David Jacobs ha indicado en entrevistas que los Grises nunca hablan de Dios. Es posible que una sociedad avanzada no necesite tener religiones, y que las religiones sean construcciones sociales que aparezcan en civilizaciones nacientes, para luego desaparecer cuando dichas civilizaciones progresan tecnológica y científicamente. En una entrevista disponible en el sitio web youtube, un abducido relató que le preguntó a dos Grises sobre cuál era la religión correcta. Uno de los Grises respondió que ninguna religión era correcta, y que dejase de preguntar este tipo de cosas. No pretendo demostrar con esto que no exista un Dios, sino solamente indicar que los extraterrestres no parecen estar interesados en las religiones.

2.15 BIOLOGÍA DE LOS EXTRATERRESTRES

No es que yo pueda presentar demasiada información respecto de la biología extraterrestre. Sin embargo, algunas hipótesis que se han reportado a partir de las abducciones pueden resultar interesantes para la ciencia de la biología.

Un primer dato biológico relevante respecto de los Grises es que tienen una boca muy pequeña, que no sirve ni para hablar ni para comer. Los abducidos reportan que toda comunicación con los Grises es puramente mental, o telepática, y, por supuesto, nunca se ha visto a un Gris probando comida o bebiendo algún líquido. ¿Cómo obtienen su energía entonces los Grises? El relato de una abducida parece apuntar a que absorben sus nutrientes a través de la piel, sumergiéndose en un líquido nutritivo. En la misma idea, otros relatos indican que los bebés o fetos híbridos se alimentan de forma similar, puesto que son mantenidos en recipientes con un líquido de color azuloso o marrón, o en ocasiones al abducido o abducida le es ordenado que debe pintar al bebé híbrido con una especie de brocha que se moja en el líquido nutritivo.

Pero por qué tienen boca los Grises, si no la utilizan? Es una pregunta importante, y que tiene dos posibles respuestas:

- **Hipótesis A:** "La boca de los Grises es un vestigio evolutivo, pues sus antepasados usaban la boca para alimentarse, pero dejaron de usarla porque evolucionaron en forma natural y comenzaron a alimentarse de otra forma, y la boca permaneció y posiblemente se atrofió con el paso de la evolución."

- **Hipótesis B:** "La boca es efectivamente un órgano inútil, pero es el resultado de una cruza o hibridación entre una especie que tiene boca, y la utiliza, y otra especie que no tiene boca y que tiene otra forma de alimentarse. De esta manera, el ser resultante de esta cruza puede alimentarse de otra manera, y no necesita usar la boca, la cual puede estar presente, pero atrofiada, aunque esto no representa un problema mayor."

Mi conclusión es que la Hipótesis (B) es la correcta, es decir que los Grises son el resultado de una cruza entre una especie que tiene boca, y otra especie que no tiene boca, lo que implica que los Grises utilizan otra forma para alimentarse. Pero, ¿cuáles son las 2 especies que permitieron crear a los Grises? Mi respuesta personal es que son, por un lado, la especie humana, y por el otro lado, la especie de los insectoides. Los insectoides son usualmente descritos como seres carentes totalmente de boca, es decir que definitivamente utilizan otro medio para alimentarse. O sea que en mi conclusión, los Grises en sí mismos, son una especie híbrida entre humanos e insectoides. Sin embargo, a pesar de ser híbridos, los Grises parecen ser una especie planificada y consolidada, posiblemente establecida socialmente, y que al parecer cuenta con muchos miembros entre sus filas.

Pero cuáles son los indicios de que los Grises son en realidad híbridos resultantes de la unión de genes de insectoides y de humanos, y que no me estoy sacando esta hipótesis de la manga? Veamos algunas características que me hacen sospechar que los Grises tienen una parte humana.

1. De acuerdo a lo que hemos aprendido de los reportes de los abducidos, los Grises son genéticamente compatibles con los humanos, en el sentido de que es posible generar híbridos hijos de Grises y humanos, y por lo tanto, es razonable pensar que los propios Grises tienen un componente parcial de la genética humana.

2. Los Grises tienen órganos vestigiales de apariencia bastante humana, que no utilizan, tales como la boca y nariz, y unos agujeros que están en lugar de las orejas humanas, y que les permiten escuchar sonidos (es decir que sus oídos no están atrofiados). Esto refuerza la idea de que podrían compartir algunos aspectos genéticos con los humanos.

3. Los Grises tienen emociones cercanas a las emociones humanas. Convengamos que son emociones suavizadas o atenuadas, pero es claro que existe en los Grises la emoción de la frustración, el entusiasmo, la satisfacción, la irritación, la exasperación, la prisa, la preocupación; e incluso formas leves de humor. Todas estas emociones están presentes en los Grises, tal como han reportado las víctimas de las abducciones. Esto podría reforzar la idea de que podrían compartir algunos aspectos genéticos con los humanos, aunque sabemos que las emociones podrían ser también una tendencia universal en todos los seres vivos inteligentes del universo.

4. Una abducida reportó que al tocarle el cuello a un Gris lo sintió tibio, lo cual es esperable también en un cuello humano. Asimismo, los Grises tocan frecuentemente con sus manos y dedos a todos los abducidos, en todas las abducciones, y los reportes de dedos fríos son muy escasos. Podemos deducir por tanto que la temperatura corporal, o de la piel de los Grises, es similar a la de los humanos, lo cual es otra posible señal de que los Grises tienen una componente humana en su genética.

5. De acuerdo a los reportes de los abducidos, los Grises Altos (1.2 a 1.4 metros de estatura) parecen tener diferenciación sexual. Si bien, en apariencia física, estos Grises Altos no parecen diferenciarse y lucen todos bastante similares entre sí, los abducidos insisten en forma repetitiva en que algunos Grises Altos son femeninos, en tanto que otros Grises Altos parecen ser masculinos. Los Grises Altos femeninos normalmente parecen ser más gráciles, más amables y muchos de ellos se encuentran al cuidado de bebés. Esta reminiscencia de los sexos femenino y masculino podría perfectamente provenir de los genes humanos y podría ser un requisito para hibridar a un Gris Alto con un humano del sexo opuesto. Es notable la insistencia de los abducidos en esta diferenciación, siendo curioso también el hecho de que los abducidos no parecen detectar ninguna diferenciación de sexos en el caso de los Grises Bajos, ni tampoco en el caso de los insectoides.

Veamos ahora las características que me hacen sospechar que los Grises tienen un componente genético proveniente de los insectoides:

1. Semejanza en los ojos: Los Grises tienen unos ojos enormes, negros e hipnotizantes. En el caso de los insectoides, los ojos también son enormes, y de hecho son aun más grandes que los ojos de los Grises, pero igualmente negros. Este punto es importante y profundizaré sobre el mismo más adelante.

2. Los Grises tienen capacidad telepática, al igual que los insectoides, solo que los Grises son un poco menos poderosos mentalmente que los insectoides. Esto también hace razonable la idea de que los Grises tienen genes insectoides. Esta leve disminución en la capacidad telepática, podría deberse al efecto de hibridación con una especie sin capacidad telepática o con poquísima capacidad telepática, es decir, con los humanos.

3. Si bien los Grises tienen una forma del cuerpo más cercana a la humana que los insectoides, ambos tipos de seres, los Grises y los insectoides son o bien delgados, o bien muy delgados.

4. La cara de los Grises termina en su parte inferior una especie de barbilla puntiaguda hacia abajo (no hacia adelante), en tanto que esta característica en los insectoides parece estar exagerada, su cara es prácticamente triangular, con una punta apuntando hacia abajo. Ambas condiciones son similares.

David Jacobs ha indicado en una entrevista que un abducido le mencionó que los Grises también eran híbridos, y si bien no sabemos cómo obtuvo esa información el abducido, lo curioso es que tiene bastante sentido, a la luz de los puntos discutidos más arriba.

Si bien los Grises tienen una semejanza general con los insectoides y también con los humanos, debe recalcarse que los Grises también tienen diferencias o bien con los insectoides o bien con los humanos. Por lo tanto, es posible que algunas características especiales de los Grises sean el resultado de una ingeniería genética de altísimo nivel. Por ejemplo, el hecho de que los Grises no utilicen su nariz para respirar es un verdadero enigma científico, al menos para mí. Pero es así. Los Grises simplemente no parecen respirar. Como se mencionó, sabemos esto porque los abducidos no sienten el aliento de los Grises cuando estos acercan sus ojos a los ojos del abducido. Tampoco el pecho de los Grises se expande como podría esperarse de un ser vivo que respira.

De manera muy consistente con lo anterior, los relatos de los abducidos indican que el interior del cuerpo de los Grises no tiene sangre, sino un líquido claro y verdoso. Si los Grises tuvieran sangre, pero no respirasen, sería una total contradicción, puesto que la sangre debe su color rojo característico a la hemoglobina, la cual le da a la sangre su capacidad de captar oxígeno del aire que respiramos.

Es decir el hecho de que los Grises no tengan sangre, y que además no puedan respirar, es totalmente congruente. Esto debe considerarse como una evidencia de que lo que dicen los abducidos es real, o al menos realista. O bien los abducidos saben bastante más de lo esperable de fisiología humana y animal, o bien lo reportado por ellos corresponde lisa y llanamente a algo real.

Adicionalmente, los abducidos reportan consistentemente que no han observado en los Grises un orificio trasero para eliminar los desechos (defecar), lo cual, una vez más, es curiosamente consistente con el hecho de que los Grises no comen a través de sus bocas. Otra vez, podemos sospechar que o bien los abducidos son fisiólogos expertos que se inventan historias científicamente consistentes, o bien simplemente reportan la verdad tal como ocurre.

Como he mencionado en otros capítulos de este libro, los Grises son capaces de nutrirse o alimentarse plenamente a través de su piel, sumergiéndose en un líquido nutritivo. Esta forma de alimentación parece ser mucho más eficiente que la alimentación digestiva de los animales Terrestres, la cual, como bien sabemos, produce una buena cantidad de desechos. Por tanto, la alimentación de los Grises puede ser más consistente con la capacidad de absorber los nutrientes en su estado puro, para aprovechamiento directo, sin producir desechos, ni sólidos ni líquidos.

Pero, ¿es tan increíble que los extraterrestres se alimenten a través de la piel? La verdad, es algo razonable y podría decirse que ocurre también con los humanos, aunque en mucho menor medida. Es bien sabido en la medicina humana el hecho de que es posible absorber algunos medicamentos a través de la piel, mediante cremas o pomadas. Es posible absorber la vitamina D que se genera en la piel, y existen tratamientos hormonales de testosterona y estrógeno que funcionan como parches para que estas hormonas se absorban a través de la piel. Si bien no es esperable que un humano viva exclusivamente de cremas, el concepto de absorber algún tipo de nutriente a través de la piel ya no parece ser tan increíble. Es posible que la fuerte capacidad de alimentación a través de la piel que poseen nuestros amigos Grises, sea traspasada genéticamente de los Grises a los bebes híbridos, y por ende a los híbridos. Y es que hay reportes de abducidos que indican que si bien los híbridos con apariencia cercana a la humana pueden comer y que efectivamente disfrutan de la comida humana, estos mismos híbridos han explicado que en realidad no necesitan obligatoriamente comer por sus bocas.

Volviendo al tema de los enormes ojos negros de los insectoides, y el gran parecido con los ojos de los Grises, se ha reportado al menos un par de veces que los ojos de los Grises pueden rotar de una manera muy extraña, tal como se muestra en la Ilustración 2-1. Ahora bien, de acuerdo a las descripciones y dibujos realizados por los testigos, los insectoides tienen una apariencia muy similar al insecto conocido por nuestros científicos zoólogos como Mantis Religiosa, el cual se muestra en la Ilustración 2-2. Además de lo anterior, existe en nuestro planeta otro animal, similar a la Mantis Religiosa, y que se conoce como la Mantis Marina (Ilustración 2-3) y que es un crustáceo del tipo langosta, cuyas patas delanteras recuerdan a las patas de la Mantis Religiosa, y que también tiene unos ojos enormes, los cuales pueden moverse de una manera muy versátil, con capacidad de movimiento en varios ejes de rotación, lo que podría recordarnos al movimiento de rotación de los ojos de los Grises, mostrado en la Ilustración 2-1.

Las Mantis Marinas y las Mantis Religiosas, si bien son especies que tienen un cierto parecido en los enormes ojos sobresalientes, y en el hecho de que ambas tienen un par brazos delanteros especializados, pertenecen ambas al llamado filo biológico de los artrópodos. Pero aun así, son especies que surgieron en forma relativamente independiente en nuestro planeta, pues mientras que la Mantis Religiosa es un insecto terrestre, la Mantis Marina es un crustáceo o langosta marina. En términos de la biología, cuando alguna característica especial (por ejemplo una forma corporal o un órgano) surge dos o más veces en la naturaleza, en dos especies que no están directamente relacionadas, se habla de evolución convergente, es decir que la evolución ha convergido o desembocado, con el correr de los millones de años, en una solución óptima similar para lograr algún objetivo evolutivo similar. Un ejemplo clásico de evolución convergente, son las alas. Estos órganos, necesarios obviamente para volar, han aparecido en forma independiente en 3 tipos animales muy distintos: las aves, los insectos y los mamíferos (murciélagos). Otro ejemplo notable lo constituyen esos maravillosos órganos conocidos como los ojos. Se sabe que los ojos, capaces de captar luz y en última instancia de "ver", han aparecido en ocho ocasiones, en forma independiente, durante la evolución de los animales del Planeta Tierra, durante los cientos o miles de millones de años en que la vida animal se ha desarrollado aquí. Otro ejemplo de evolución convergente lo constituyen dos especies de animales: Los tiburones (peces), y los delfines (mamíferos). En ambas especies, la forma exterior es muy similar, óptima para nadar rápidamente por el mar, similitud que ha ocurrido a pesar de que ambos seres han evolucionado en forma muy independiente.

Por lo tanto, la forma de Mantis parece ser una característica resultante de evolución convergente, es decir una forma óptima, la cual, por lógica, pudo haber aparecido también en otros planetas, hace mucho tiempo, desembocando en la existencia de la civilización de creaturas similares a nuestras Mantis, pero de origen extraterrestre, y a los que llamamos insectoides en este libro. A estas alturas, cabe volver a preguntarse, al respecto de los abducidos que han visto a los insectoides, y que han reportado que éstos tienen una apariencia similar a las Mantis Religiosas, ¿Saben estos abducidos también de biología y conocen el concepto de evolución convergente?

Como expliqué anteriormente, mi hipótesis es que los Grises son una especie creada a partir de la cruza entre los insectoides y los humanos. Por lo tanto, si los insectoides provienen de una raza de animales extraterrestres similares a las Mantis Marinas o Mantis Religiosas que hay en nuestro planeta, entonces no sería para nada extraño que los Grises tuvieran la capacidad de rotar los ojos como dicen los abducidos (Ver Ilustración 2-1 e Ilustración 2-3).

La cabeza de los extraterrestres insectoides se parece notablemente a la cabeza de las Mantis Religiosas, y también a la cabeza de otros insectos. Por lo que he explicado en párrafos anteriores, los insectoides tendrían esa forma de cabeza y cuerpo debido a lo que se conoce como evolución convergente, y serían, según mis conclusiones, el resultado de una evolución biológica independiente ocurrida en otro planeta. Por tanto, creo que los insectoides son una especie extraterrestre pura, y que en rigor son los verdaderos extraterrestres en toda esta historia. Se trataría entonces, posiblemente, de una especie antiquísima, surgida en un planeta remoto, y que actualmente lleva a cabo un plan de abducciones y de hibridación en nuestro planeta, aunque posiblemente han realizado y realizan el mismo procedimiento en otros planetas habitados de esta galaxia.

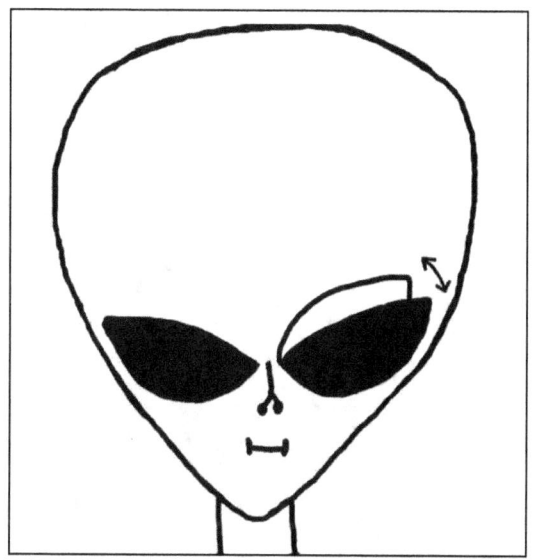

Ilustración 2-1: Movimiento de los ojos de un Gris

Movimiento de rotación los ojos de un ser Gris. Interpretación del Autor.

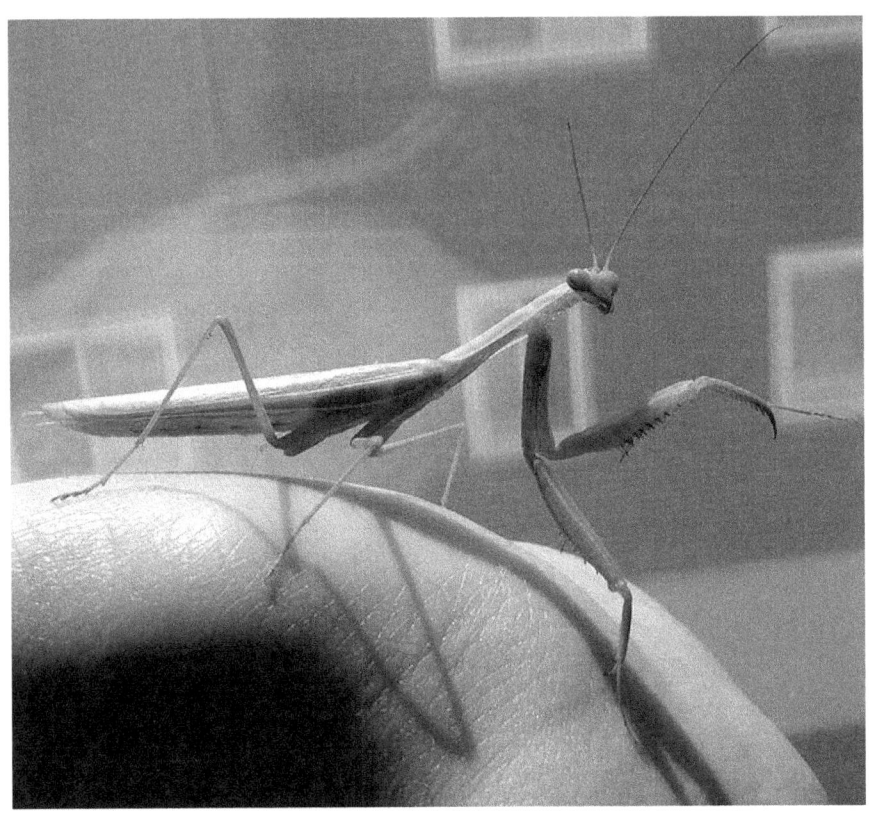

Ilustración 2-2: Mantis Religiosa

Insecto conocido como Mantis Religiosa (del orden Mantodea), que guarda semejanza con la raza extraterrestre de los Insectoides. Fuente de la fotografía: Wikimedia Commons 2022. User: Psychonaught.

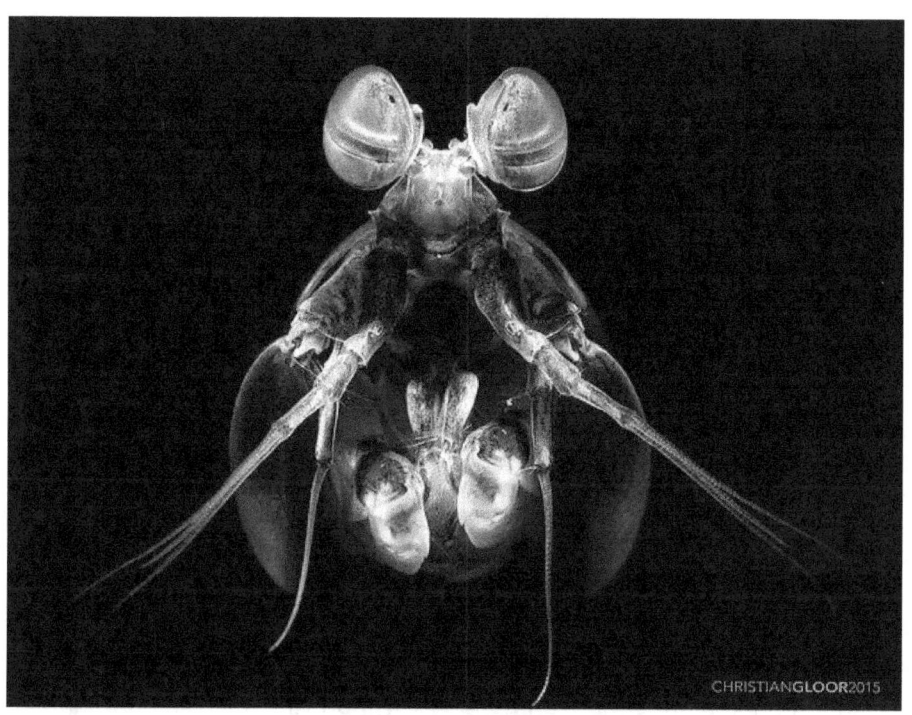

Ilustración 2-3: Mantis Marina

Imagen de un crustáceo, el Odontodactylus Latirostris, también conocido como Mantis Marina o camarón Mantis, que es capaz rotar los ojos. Fuente: Wikimedia Commons 2022. User: Christian Gloor.

Volviendo al concepto de evolución convergente, es decir de una similitud corporal o en algún órgano o miembro, que pueden tener 2 especies animales que han evolucionado en forma independiente una de la otra, hay otro caso de evolución convergente que es importante mencionar. Sabemos que los abducidos describen a los insectoides como seres muy extraños y ajenos a la especie humana. En efecto, estos seres son extremadamente delgados y sus extremidades son muy alargadas, tienen ojos enormes, y no tienen bocas ni orejas. Pues bien, como ya mencione anteriormente, dada su extraña apariencia, los seres insectoides parecen ser los verdaderos extraterrestres en esta historia.

Sin embargo, los insectoides, aun siendo tan extraños, siguen teniendo características similares a la humana en el sentido más básico de su estructura, pues tienen dos piernas, dos brazos, un tronco, y una cabeza. Esta forma básica "humanoide" debe ser justificada científicamente, no puede ser etiquetada como una simple coincidencia. Pues bien, la manera de explicar la forma básica de los insectoides parece ser, también, la evolución convergente. Y es que al parecer, en el ámbito de la inteligencia tecnológica, la forma preponderante en todo el universo podría ser la "forma humanoide básica" de: 2 piernas, 2 brazos, un tronco y una cabeza en la parte superior. La idea de que es probable que todos los habitantes inteligentes de otros planetas tengan la forma humanoide básica, no es una idea nueva, pues fue planteada por Robert Bieri en 1964, aunque dicha idea fue propuesta no el ámbito ufológico, sino más bien en el ámbito puramente científico (Bieri, 1964).

Pero más allá del mero justificativo de "evolución convergente", ¿Cómo podemos justificar la idea de que los seres inteligentes de otros planetas deberían tener una forma humanoide básica? Si partimos de la base de que los seres humanos provenimos evolutivamente de seres cuadrúpedos, el camino que seguimos tuvo obligatoriamente que pasar por el hecho de que las patas delanteras de nuestros ancestros cuadrúpedos, tuvieron que comenzar a utilizarse como manos, para manipular objetos y herramientas. Algunas especies de animales de nuestro planeta que parecen estar siguiendo en la actualidad este camino son los monos pequeños y la ardillas, ya que si bien pueden correr en cuatro patas, también pueden usar sus patas delanteras como manos para comer y coger objetos. Los monos incluso pueden escoger caminar en dos patas durante periodos cortos.

Con respecto a los hipotéticos insectos o crustáceos extraterrestres que habrían evolucionado hasta convertirse en los seres insectoides que hoy en día lideran el proyecto de las abducciones en nuestro planeta, su historial evolutivo debiera ser similar, es decir un insecto o crustáceo extraterrestre de 6 o 4 patas habría comenzado como un ser con todas sus piernas utilizadas para correr o caminar, pero que, con el transcurso de su evolución biológica a lo largo de millones de años, dichos seres habrían comenzado a utilizar sus dos patas delanteras para manipular objetos en lugar de solamente para desplazarse. Curiosamente, esto es lo que ocurre en la actualidad con las Mantis Marinas y las Mantis Religiosas en nuestro planeta, pues ambas especies usan sus 2 extremidades delanteras para una labor especializada, distinta a la función de simplemente caminar o correr. Con el tiempo este linaje de insectos o crustáceos podría haber perdido 2 de las 4 patas traseras por ser innecesarias, terminando en lo que hoy podríamos definir como la "forma humanoide básica", es decir, dos piernas, dos brazos y una cabeza en la parte superior.

Por otra parte, la literatura ufológica también parece apoyar fuertemente la idea de que la mayoría de las civilizaciones extraterrestres inteligentes de la galaxia o del universo tienen forma humanoide. Por ejemplo, los catálogos de casos de encuentros con seres extraterrestres ocurridos entre 1950 y 1979, que incluyen casos de seres avistados cerca de OVNIs aterrizados o en relación a algún avistamiento OVNI, muestran que los casos de extraterrestres sin forma humanoide son bastante minoritarios, variando entre un 4.2% de los casos en un estudio compilatorio del investigador brasileño Jader Pereira (Pereira, 1970-1972) y un 6.3% de los casos de seres avistados, analizados en un estudio clásico del autor francés Erich Zurcher (Zurcher, 1979). Al decir "sin forma humanoide", me refiero a avistamientos de seres con forma de animales, maquinas, o seres deformes o sin una figura bien definida.

Hay que notar que los casos estudiados en dichos catálogos no son necesariamente de casos de abducciones, sino que más bien se trata de casos generales ufológicos, posiblemente visitas casuales de extraterrestres de varios tipos, que quizás podríamos clasificar dentro de las visitas extraterrestres de tipo "turísticas", que ocurrieron entre los años 1950 y 1980.

Es decir, tenemos dos fuentes de información para suponer que la mayoría de los extraterrestres del universo debieran tener la "forma básica humanoide", y esto lógicamente incluiría a nuestros amigos visitantes, los insectoides.

Como otra consecuencia del uso del concepto de "evolución convergente" para predecir o entender la realidad, debemos concluir que las grandes tendencias de la biología que han ocurrido en nuestro planeta podrían haberse repetido en otros planetas con vida en el universo. Me refiero a que la vida animal en otros planetas habitados podría haber producido, por virtud de la evolución convergente, clases o grupos de animales conocidos, tales como: reptiles extraterrestres, mamíferos extraterrestres, insectos extraterrestres, crustáceos extraterrestres, etc. Y en tal caso, en distintos planetas cada una de estas clases de animales podría haber generado, por evolución natural y por azar, a seres inteligentes de tipo mamífero, de tipo reptil o del tipo insecto, etc., todos con la "forma humanoide básica". Este concepto parece confirmarse en el relato de los abducidos, los cuales reportan humanoides con apariencia de insecto (los insectoides), y reptalines, humanoides con apariencia de reptil o lagarto. Es posible que estos últimos, los reptalines, sean una especie extraterrestre que también ha sido sometida a abducciones en su planeta natal, y que desde entonces acompaña a los insectoides y a los Grises en sus campañas realizadas en nuestro planeta, y quizá en otros planetas también.

2.16 GENÉTICA DE LOS HÍBRIDOS

El investigador australiano Bill Chalker logró obtener una muestra de pelo de un híbrido. En dicha ocasión, el abducido, el también australiano Peter Khouri, fue obligado a mantener relaciones sexuales con una mujer híbrida de pelo rubio. Una vez finalizada la abducción, Khouri encontró un cabello enredado en su pene, el cual pudo guardar y, tiempo después, entregar a Bill Chalker, quien pudo conseguir que se realizase un análisis de laboratorio de ADN sobre el cabello (Chalker, 2005).

Los resultados del análisis del cabello fueron curiosos. A pesar de que se trataba de una genética que está dentro de lo que se conoce como "el consenso humano", se trataba de una variante bastante rara de ser humano. Las características genéticas correspondían a una pequeña población china-mongoloide que se encontraba bastante alejada de la corriente humana convencional, y que es solo superada en su extrañeza por las características genéticas de los pigmeos y otros aborígenes africanos. Dentro del código genético asociado al mismo pelo, pero en la raíz del mismo, aparecieron también características que los científicos asocian a orígenes vascos-gaélicos. El hecho de que aparezcan dos tipos raciales distintos en un mismo pelo es, de por sí, muy extraño. Más extraño es el hecho de que según los análisis, la muestra parecía tener borrados 2 genes en la proteína CCR5 del ADN humano, estando los restantes genes de la CCR5 aparentemente modificados. Según los conocimientos actuales, el gen CCR5 confiere inmunidad viral ante el virus del SIDA (VIH) cuando está ausente, aunque también se cree que podría conferir inmunidad ante la viruela (Chalker, 2005). En teoría, podemos especular que esta inmunidad al VIH sería muy útil para proteger a los híbridos, que tienen asociación sexual con humanos de la Tierra, los que son susceptibles de contraer el VIH.

Los análisis de ADN hechos a Peter Khoury y a su esposa se mostraron absolutamente normales, sin ningún parentesco con las características genéticas del pelo en cuestión. Esto significa que el pelo encontrado no pertenecía ni a Peter Khouri ni a su esposa. Por otra parte, el supuesto de que Khoury cometió adulterio y ha inventado la historia de las abducciones para encubrir una aventura amorosa extramarital resulta descartado por el simple hecho de que fue el mismo quien le ha relatado el suceso a su esposa y que, además, ya había pasado muchos años vagando por grupos ufológicos en busca de una respuesta, antes de encontrar al investigador Bill Chalker.

De esta forma, podemos concluir que los genes de los híbridos son similares a los genes humanos, pero con algunas diferencias relevantes.

Estos genes, a pesar de ser humanos, están alejados de la genética humana común, por lo cual podemos hipotetizar que esto apunta a un origen antiguo de estos genes. Se podría entonces teorizar que los extraterrestres tomaron prestados algunos genes humanos en algún momento de la antigüedad, cuando los seres humanos eran ligeramente distintos al promedio de los humanos modernos.

En una teoría especulativa, el ufólogo Richard Dolan, basándose en las teorías de Colleen Clements, sugiere que los extraterrestres podrían haber visitado el planeta Tierra hace unos 30 mil o 40 mil años atrás (Dolan, 2020). Dolan cree que en dicha instancia, los propios extraterrestres podrían haber intervenido en la evolución de la raza humana, creando una mutación que hizo al ser humano más inteligente y creativo. Dolan cree que una posible evidencia de esta intervención puede ser la aparición de una mutación del gen de la microcefalina hace 37.000 años. De acuerdo a la hipótesis, la mutación de este gen se habría convertido en una especie de éxito evolutivo, de tal manera que casi toda la humanidad contendría en la actualidad este gen, y esto podría estar relacionado con la plasticidad e inteligencia del cerebro humano actual. De esta forma, la hipótesis de que hubo una intervención hace 30 mil o 40 mil años podría tener un sustento, pero es claro que no es posible demostrarla en este momento.

Otra hipótesis menos atrevida, es que efectivamente los extraterrestres vinieron hace algunos miles de años, tomaron algunos humanos y se fueron. Con los humanos que tomaron, crearon una especie nueva, los Grises (altos y bajos), los que serían una cruza genética entre los insectoides y los humanos antiguos. Posteriormente, la especie de los Grises incluso pudo haberse perfeccionado, y haber sido aumentada en cuanto a la cantidad de miembros, e incluso pudo haberse establecido en otro planeta, para luego volver al planeta Tierra a comienzos del siglo XX, cerca del año 1900.

Entonces, tenemos 2 teorías:

- **Hipótesis 1:** Los extraterrestres vinieron en la antigüedad y modificaron al ser humano para que, transcurrido cierto tiempo, tuviera la madurez suficiente para los propósitos de los extraterrestres.

- **Hipótesis 2:** Los extraterrestres insectoides vinieron en la antigüedad y tomaron genes prestados de humanos antiguos para crear a los Grises, quienes son utilizados en la actualidad para hacer el trabajo de las abducciones y además son utilizados para crear los híbridos usando sus propios genes.

Reconozco que ambas hipótesis suenan bastante a una locura. Pero más allá de eso, también podemos decir que son hipótesis que **no** son mutuamente excluyentes. Es decir, ambas podrían ser ciertas. A mi juicio, la evidencia presentada por Bill Chalker y Peter Khouri, de presencia de genes de etnias antiguas en el ADN de la mujer híbrida, corresponde a evidencia de la Hipótesis 2, en tanto que la Hipótesis 1 bien podría ser cierta o podría no serlo, puesto que no tenemos certeza de que la aparición de la mutación de la microcefalina realmente puede ser adjudicada a una intervención de los extraterrestres. Yo propongo la Hipótesis 2 como "cierta", y la Hipótesis 1 solo como "posiblemente cierta".

En estas condiciones, podemos presentar una especie de árbol genealógico de la especie humana en relación con la intervención extraterrestre y el futuro de la humanidad, tal como se muestra en la siguiente ilustración, que cierra este capítulo.

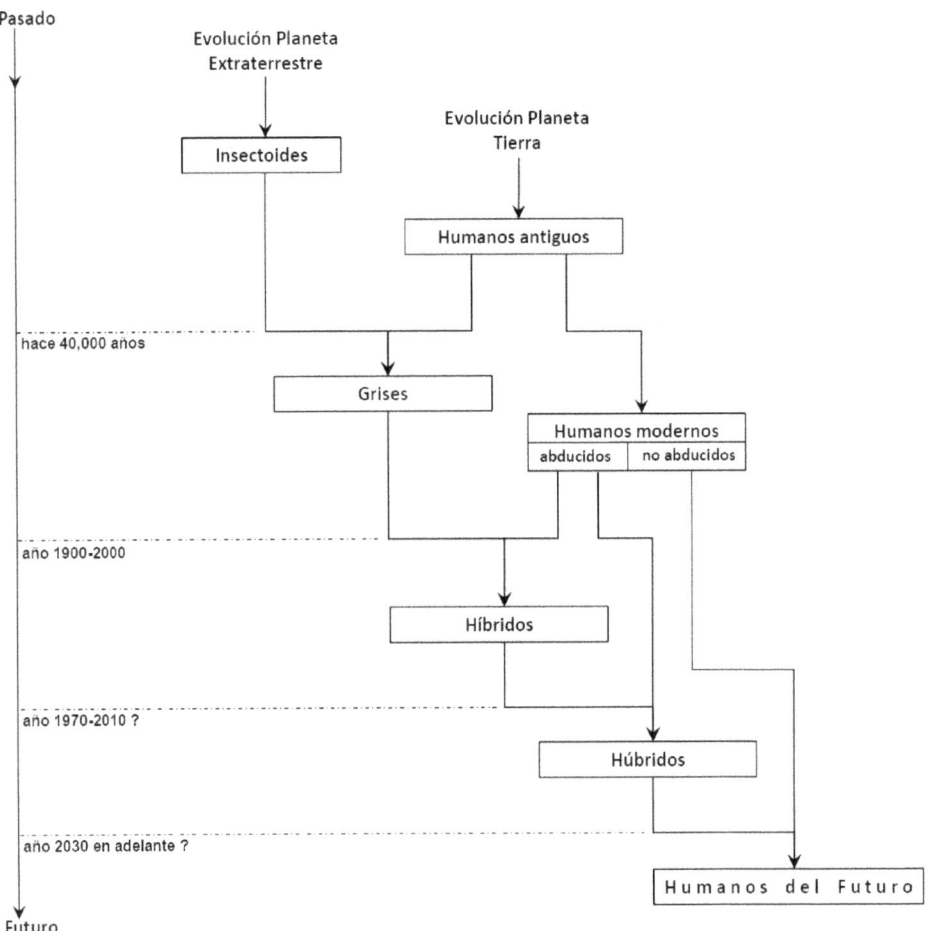

Ilustración 2-4: Árbol Genealógico de Humanos y Extraterrestres.

Interpretación del autor sobre el esquema de hibridaciones e intervención de los extraterrestres en la evolución humana. Espero no equivocarme.

2.17 LOS ANIMALES Y LAS ABDUCCIONES

Dado que muchas familias tienen mascotas en sus casas, es esperable que exista algún tipo de reacción por parte de los animales a la aparición repentina de nuestros amigos Grises. No es ningún secreto el hecho de que los animales tienen los sentidos más aguzados que los humanos. Por ejemplo, los perros pueden escuchar sonidos en un rango de frecuencias notablemente mayor al rango auditivo de los humanos (es decir escuchan sonidos más agudos y más graves que los humanos), y además con una mayor sensibilidad al volumen o intensidad del sonido. Adicionalmente, tanto los gatos como los perros pueden ver mejor en la oscuridad, si se les compara contra la capacidad visual de un humano. Por si esto fuera poco, los perros y gatos tienen un olfato que supera a los humanos de manera bochornosa. Con esta paliza sensorial, es claro que los extraterrestres deben haber tenido en cuenta la presencia de gatos y perros en las casas de los abducidos, pues en caso de que estos animales detectasen la abducción, podrían poner en peligro el programa de abducciones, poniendo en alerta a los humanos.

Lo que ocurre durante las abducciones es que los animales sienten que los extraterrestres están cerca y efectivamente se vuelven nerviosos, pero en seguida son paralizados por los extraterrestres. Un caso de comportamiento nervioso de un animal ocurrió en el rapto de Betty y Barney Hill, reportado en 1966. La pequeña perra llamada Delsey, viajaba con la pareja en el automóvil el día en que ocurrió la abducción, y cuando ellos detuvieron el vehículo debido al OVNI que avistaron, el animal se encontraba muy inquieto (Fuller, 1966). En otro caso distinto, los abducidos iban siendo guiados por los Grises por el patio de su casa, cuando se percataron de que los perros yacían acostados en el patio de la casa, como si estuvieran inmovilizados (Druffel, 1998). En un tercer caso, la abducida, al volver de una abducción (o bien luego de tener un tiempo perdido), se fijó en que el perro y el gato se encontraban acurrucados bajo la cocina de la casa, demasiado quietos, como si estuvieran paralizados por el susto (Druffel, 1998).

En un caso posiblemente poco frecuente, un abducido, luego de ser sometido a los procedimientos típicos de una abducción, tuvo la oportunidad de presenciar otros procedimientos de abducción, aplicados a otras personas que también habían sido raptadas por los Grises. Lo notable es que uno de los procedimientos estaba siendo realizado en un animal, al cual le estaban extrayendo sangre o un líquido con una jeringa. Si bien, en este caso no tenemos la información de que especie de animal era la que estaba siendo abducida, debe de considerarse como bastante probable que los extraterrestres abduzcan animales, sobre todo mamíferos, que por su similitud con el ser humano, podrían ayudarle a los extraterrestres en su plan de creación de híbridos.

Un caso posible de abducciones de animales, con resultados de muerte para los animales involucrados, corresponde a las agresiones a las vacas en los campos ganaderos de varios países del mundo. Me refiero al fenómeno conocido como Mutilación de Ganado (Cattle Mutilation, en inglés). Este fenómeno ha ocurrido más o menos durante todo el siglo XX, pero con una mayoría de casos ocurridos entre los años 1960 y 1990. En muchos casos, los rancheros y granjeros reportaron que grupos de vacas aparecieron muertas, con cortes en sus tejidos blandos en varias partes del cuerpo. Casi siempre se trataba de cortes de precisión quirúrgica en la lengua, en el cerebro, en los genitales y en el ano. Toda la sangre estaba drenada del cuerpo, y las moscas, que normalmente se acercan casi inmediatamente a los cadáveres de animales, en estos casos no se acercaban a las vacas muertas. En ocasiones se podía sentir un olor medicinal o de un líquido de embalsamamiento, y *no* se encontraban huellas de los perpetradores, tales como por ejemplo, huellas de zapatos o de ruedas de vehículos, es decir, casi como si los agresores hubieran venido desde arriba (Grinspoon, 2003).

Dado lo misterioso e inexplicable de estas muertes de vacas, se ha postulado la hipótesis de que los responsables de las mutilaciones de ganado eran los propios extraterrestres asociados a los OVNIs. El abductólogo Budd Hopkins ha propuesto que los extraterrestres podrían estar utilizando las células reproductivas de una vaca, también conocidos como los ovocitos de una vaca, y que básicamente corresponden a los precursores del óvulo. Hopkins mencionó que algunos estudios científicos han demostrado que cuando se utiliza un ovocito que ha sido vaciado de su núcleo, y que se utiliza como un contenedor capaz de acoger el núcleo de una célula de otra especie (por ejemplo: de rata, mono, cerdo u oveja), el citoplasma del ovocito es capaz de reprogramar el núcleo de la célula invitada, a su infancia. Esta habilidad de retroceder el reloj de las células al principio, llevándolas hacia un estado en el cual una célula de vaca puede convertirse en cualquier célula, es lo que podría hacer tan importantes a los ovocitos de vaca para los científicos humanos, y quizá también, para los científicos extraterrestres. La técnica de implantar un núcleo foráneo en un ovocito disponible se ha llamado por la sigla en inglés *iSCNT* (inter-species somatic cell nuclear transfer), y en la actualidad (año 2021) se considera que existen dificultades cuando el ovocito es de una especie animal muy diferente a la especie del núcleo de la célula, lo cual hace que la sugerencia de Budd Hopkins, enunciada el 2003, pierda algo de fuerza.

Si se considera que las vacas y los humanos, son especies que se separaron evolutivamente de su ancestro en común hace unos 90 millones de años, y que comparten en la actualidad solamente un 80% de los genes, entonces se establece cierta diferencia y dificultad en la aplicación de las técnicas *iSCNT*.

Más allá de la dificultad mencionada, los extraterrestres podrían haber superado los inconvenientes que existen hoy día en el trabajo con *iSCNT* de nuestros científicos humanos. Además, los usos que podrían darle a las células de vaca podrían ser de otro tipo, de los cuales solo podemos sospechar. Una posibilidad, es que dado que los humanos compartimos una buena parte del material genético con otros mamíferos (vacas, conejos, monos), esto podría interesarle a los extraterrestres, a pesar de las diferencias, y podría ser esperable que se produzcan abducciones extraterrestres, y posiblemente muertes, de mamíferos de todo tipo en nuestro planeta. Otra posibilidad es que los extraterrestres también estén trabajando en hibridar animales terrestres con animales extraterrestres, o bien estén pensando en modificar animales terrestres.

2.18   TECNOLOGÍA EXTRATERRESTRE

Como ya puede sospecharse, y como ya se ha mencionado, la tecnología de los extraterrestres que nos visitan es muy avanzada en comparación con la tecnología humana. Para empezar, hay que tener en cuenta que son seres que lograron llegar a nuestro planeta desde enormes distancias interestelares, lo cual hasta el momento no ha sido logrado por nuestra ciencia y tecnología humana. Es decir que los humanos no hemos podido llegar, de ninguna forma, a otros planetas fuera del sistema solar.

Cuando se les pregunta a los abducidos, éstos mencionan que los platillos voladores son aparatos similares a los de la típica forma que aparece en las películas, aunque claro, hay otro tipo de naves que también son mencionadas por los abducidos, principalmente naves triangulares y grandes naves alargadas con forma de cigarro. En la enorme mayoría de los casos, estas naves no tienen alas, no tienen hélices, ni tampoco turbinas de donde salgan gases de escape o propulsión de chorro. Esta ausencia de alas, hélices y motores de combustión, indica inmediatamente una superioridad tecnológica, y más aun cuando se toma en cuenta que estas naves tienen la capacidad de moverse muy rápidamente, de detenerse bruscamente, de permanecer flotando en el aire, y de alejarse muy rápidamente del testigo.

Se ha mencionado por parte de nuestros amigos escépticos del fenómeno OVNI, que ninguna civilización extraterrestre está en realidad visitando nuestro planeta, y que las últimas declaraciones del gobierno norteamericano ocurridas a partir del año 2020 y 2021, respecto de que los OVNI son efectivamente reales y que NO son de fabricación propia del gobierno norteamericano, no necesariamente apuntan, según los escépticos, a que se trate de extraterrestres, sino que podrían ser prototipos militares fabricados por los rusos o los chinos. Pero, siguiendo la lógica de los escépticos, y si por un momento aceptamos, a regañadientes, la idea de que el gobierno de Estados Unidos pueda vivir muy tranquilo con la idea de que prototipos militares de países contrincantes tales como Rusia o China estén paseándose como "Pedro por su casa" por los espacios aéreos de Estados Unidos, también uno debe aceptar, aun mas a regañadientes, que las capacidades tecnológicas de Rusia y China han sobrepasado abrumadoramente a las capacidades tecnológicas de Estados Unidos, lo cual no parece ser el caso. Y a pesar de que la guerra entre Ucrania y Rusia que ha transcurrido durante el año 2022 y 2023, ha mostrado que Rusia tiene capacidades militares relevantes, superando a Estados Unidos en algunos aspectos, de ninguna manera ningún país del planeta Tierra ha alcanzado a las capacidades que muestran los OVNI.

Una de las capacidades más difíciles de replicar ha sido reportada por testigos de OVNI durante muchos años. Se trata de OVNIs que salen del agua y luego comienzan a volar por el aire. Esto se denomina capacidad "transmedium" (en inglés), es decir, la capacidad de un vehículo de moverse y pasar de un medio a otro, tales como: del aire al agua, del agua al aire, del agua a la tierra, del aire al vacío del espacio, etc. En la actualidad la capacidad de viaje del agua al aire, no existe en vehículos de tecnología humana. Es decir, un submarino no puede salirse del agua y salir volando por el aire. Si a esto sumamos la capacidad de los OVNIs de flotar en el aire para repentinamente acelerar de manera brutal, y perderse en el cielo, entonces la conclusión obligada es que la capacidad tecnológica de los extraterrestres es enorme, y que no es alcanzable por la humanidad, por el momento.

Por otra parte, dado que muchas abducciones ocurren en cualquier lugar dentro de ciudades completamente pobladas, y sin causar alarma en la población general, estamos obligados a concluir que sus platillos voladores tienen una capacidad de camuflaje o de invisibilidad que solo puede catalogarse como de altísimo nivel. Sabemos que todo el programa de abducciones es clandestino y que para poder mantenerse ocultos deben tener capacidad de camuflaje. Dicho de manera directa, deben disponer de algún tipo de tecnología de invisibilidad. Es cierto que ha habido situaciones en que las abducciones han sido vistas por varios testigos, como en el caso relatado por el gran investigador Budd Hopkins de la abducida Linda Napolitano, caso en el cual la abducción se produjo en plena ciudad de Nueva York, a la vista de numerosos testigos. Este impresionante incidente, que además ocurrió cerca del puente de Brooklyn, es relatado en el libro "Witnessed" (Hopkins, 1996). Otro caso bastante sonado, que incluyó testigos múltiples en el momento exacto en que la víctima estaba siendo abducida, es el del leñador Travis Walton, cuyos compañeros vieron como su colega fue llevado por un platillo volador. Si bien entendemos que en este tipo de eventos con múltiples testigos visuales algo debió haber fallado en el sistema de invisibilidad, o por alguna razón los Grises decidieron hacerse ver en forma voluntaria, también se sabe que la regla general es que las abducciones casi siempre pasan inadvertidas para el resto de las personas que están en los alrededores de la abducción.

La invisibilidad de las naves extraterrestres fue el tema central de uno de los libros de Budd Hopkins, en donde este autor cita varios ejemplos de proyectos científicos que buscan la invisibilidad (Hopkins, 2003). En la actualidad científica de hoy en día, la tecnología de invisibilidad ha seguido avanzando lentamente, mostrando resultados que si bien no son perfectos, son bastante prometedores. Por lo dicho, la invisibilidad de unos extraterrestres muy avanzados tecnológicamente, parece ser una idea más que esperable y razonable.

Algunos relatos de abducidos parecen mencionar que los Grises pueden moverse extremadamente rápido sin necesidad de caminar o correr, es decir que se deslizan por el aire como si estuvieran parados en una plataforma invisible que se desplaza rápidamente. También se ha reportado que pueden saltar barreras o cercos con facilidad. Su tecnología aparentemente les permite además controlar y movilizar a los abducidos en un estado adormilado mediante una especie de bastón. Debe notarse que los abducidos son mucho más grandes y masivos que los pequeños Grises, razón por la cual es esperable que los Grises necesiten obligatoriamente algún tipo de ayuda tecnológica para transportar y mover a los abducidos.

Una capacidad ya mencionada (Capítulo 2.3) de los Grises es la capacidad de atravesar techos, muros y ventanas cerradas. Esto se logra aparentemente con ayuda tecnológica proveniente de la nave, o platillo volador, que está cercano. Relacionado con lo anterior, los extraterrestres cuentan con la capacidad tecnológica de flotar a los abducidos desde sus casas y desde sus camas, llevándolos hacia la nave que está detenida en el aire, cerca de la casa del abducido. El abducido que está flotando y siendo llevado a la nave también puede atravesar murallas, puertas y ventanas cerradas. La capacidad de flotar abducidos se extiende también a automóviles. En efecto, algunos abducidos son llevados junto con el automóvil que van conduciendo. El automóvil pasa a ser controlado o transportado directamente por los extraterrestres, y el conductor del automóvil pierde el control del vehículo. De esta manera, el vehículo del abducido puede ser levantado desde la carretera por la cual circula, y después de la abducción puede ser depositado en la misma carretera con el motor funcionando, o fuera de la carretera, detenido, o en cualquier lugar que se le ocurra a los extraterrestres, tras lo cual el abducido puede volver a echar a andar el motor de su vehículo, o bien ocasionalmente el motor se echa a andar por sí solo. Si los extraterrestres son capaces de suspender completamente el sistema motriz de un automóvil, y ocasionalmente volver a echarlo a andar, es que son capaces de entender perfectamente la tecnología humana.

Una demostración importante de que los extraterrestres pueden entender la tecnología humana, es su recurrente interés en la tecnología de misiles nucleares que poseen las grandes potencias nucleares del mundo. Se han reportado varios casos de naves extrañas (OVNIs) volando y flotando muy cerca de instalaciones nucleares de EEUU y Rusia. En algunos casos, los operadores de los ICBM (plataformas de lanzamiento de misiles balísticos intercontinentales), donde se almacenan misiles nucleares operativos, siempre listos para lanzarse, han reportado que luego de que se ha producido un avistamiento dramáticamente cercano de un OVNI en las inmediaciones de un ICBM, el sistema de armamento nuclear ha sido desactivado inexplicablemente(!). Estos casos no son aislados, han ocurrido en varias ocasiones, así que podemos tener certeza de que los extraterrestres están interesados en nuestra tecnología nuclear, y que probablemente están preocupados por la misma, además de que han demostrado que pueden controlar, apagar, y probablemente activar, los sistemas de misiles nucleares, y que pueden hacerlo muy fácilmente (Hastings, 2019).

Otra capacidad tecnológica notable de los extraterrestres es el uso de implantes, de los cuales he escrito en el capítulo 2.1. Es claro que la capacidad tecnológica y médica de los extraterrestres supera por lejos el conocimiento humano, sobre todo en el uso de implantes que se mueven por sí solos, o que tienen la capacidad de autodestruirse, sin abundar en el hecho de que ni siquiera sabemos con certeza cuál es la función que cumplen dichos implantes.

Otra capacidad tecnológica o médica de los extraterrestres, ya mencionada, es un aparato con forma de lápiz que se apunta desde muy cerca, como un puntero láser, hacia las heridas o incisiones realizadas por los Grises, y que al ser recorrida por la incisión, es capaz de sanar la herida de manera inmediata sin que queden cicatrices (Jacobs, 2015). Hasta donde entiendo, esta capacidad de curación inmediata y sin cicatrices no ha sido alcanzada por la humanidad. Otras muchas capacidades de sanación por parte de los extraterrestres se mencionan en un capítulo más adelante.

En conclusión, en vista de lo mencionado en este capítulo, quizá debiéramos entender que la capacidad tecnológica de los extraterrestres que abducen personas es increíblemente superior a la tecnología humana, y que por tanto, no hay mucho que podamos hacer para detenerlos.

2.19   INTELIGENCIA ARTIFICIAL EXTRATERRESTRE?

Si bien no hay pruebas de que los extraterrestres estén utilizando tecnología de inteligencia artificial o robots que piensan, aun así existen algunos elementos nos hacen suponer que tienen un alto grado de tecnología robótica o con cierta inteligencia. Es más, la tecnología humana ya está logrando avances importantes en el campo de la inteligencia artificial, por lo cual no debiera sorprendernos que los extraterrestres usen una tecnología similar, o superior.

Muchos abducidos admiten ver bolas de luz en algunas ocasiones, momentos antes de una abducción. Posiblemente se trata de unidades robóticas dotadas de inteligencia artificial, que monitorean el lugar antes o después de la abducción, para confirmar que todo está en regla y que no hay peligros o merodeadores no deseados. Otra posibilidad a tener en cuenta es que estas bolas de luz inteligentes son las que permiten controlar a la víctima o inmovilizarla. De forma muy similar, los abducidos relatan haber observado una especie enjambre de puntos luminosos volando dentro de sus casas, de manera similar a las bolas de luz.

Otra señal de inteligencia en la tecnología extraterrestre la constituyen los juguetes que usan los niños híbridos, una tecnología que puede ser accionada mentalmente por el niño que juega. Se trata de juguetes capaces de levitar y hacer que el niño experimente sensaciones emotivas. Si bien podría dudarse de que tal juguete altamente tecnológico deba necesariamente constituir una inteligencia artificial, tampoco puede negarse que un aparato que, de alguna forma, es capaz de leer tus pensamientos y actuar en consecuencia, sea precisamente un aparato sin ningún tipo de inteligencia. David Jacobs relata el caso en que un niño abducido decidió ponerse a agitar fuertemente uno de tales juguetes, y fue advertido con mucha urgencia por un niño híbrido, para que se detuviera inmediatamente de agitar el juguete. Uno podría especular que el juguete podría haber incluido un mecanismo de defensa que se activaría, quizá, ante los intentos de destruirlo, lo cual podría ser peligroso para aquella persona que intente dañar al "juguete".

2.20   SANACIONES EXTRATERRESTRES

En general, los abducidos tienen una salud normal, similar al promedio de las personas, y más o menos acorde con su edad. Por supuesto, hay algunas excepciones en las cuales se sabe de abducidos que tienen enfermedades importantes. Pero en términos generales, los abducidos no destacan ni por su buena salud, ni por su mala salud. Sin embargo, a lo largo de los años de estudio de las abducciones, los investigadores se han ido enterando, muy lentamente, de un aspecto muy sorprendente. Se trata de que algunos abducidos han sido curados por los Grises, es decir que han sido sanados de enfermedades de distinto tipo.

Es importante recalcar que solo hablamos de *algunos* abducidos, no de todos. Por ejemplo, David Jacobs ha mencionado en sus libros algunos casos de sanaciones de difteria y de neumonía. El investigador Budd Hopkins también mencionó en una entrevista que efectivamente él ha investigado casos de curaciones realizadas por los extraterrestres. El problema, según Hopkins, es que si bien hay una buena cantidad de casos en que los extraterrestres han curado a los abducidos, hay también una cantidad bastante grande de casos en los cuales las enfermedades importantes (como por ejemplo diabetes) de los abducidos *no* han sido curadas por los extraterrestres.

No se sabe por qué razón los extraterrestres han decidido no sanar a todos los abducidos que sufren alguna enfermedad. Es posible hipotetizar que algunos abducidos son más importantes para los Grises, y que deben mantenerse vivos, o al menos en un estado de salud razonable que permita utilizarlos. A este respecto David Jacobs ha mencionado en entrevistas, que los extraterrestres simplemente no abducen personas con dificultades graves de salud, como por ejemplo, personas en sillas de ruedas. Es por lo tanto esperable que si los extraterrestres consideran importante a alguna víctima, deseen mantenerla en buen estado de salud. David Jacobs cree que la curación de este tipo se debería más bien a un concepto similar al de "mantenimiento de equipos" y no necesariamente para ayudar al abducido. Jacobs aclara también que a los Grises les tiende a preocupar mayormente la salud de las abducidas en cuanto a su capacidad de reproducirse. Menciona un caso particular en que una abducida que sufría anorexia, consiguió que el Gris a cargo de la abducción expresará su preocupación e irritación pues la mujer no estaba ovulando debido a que estaba comiendo demasiado poco. El Gris quería saber la razón por la cual había perdido tanto peso a pesar de que ellos no podían detectarle ninguna enfermedad. Ella contestó que simplemente quería ser más delgada (Jacobs, 1992).

No obstante, otros investigadores, más optimistas, creen que en algunas ocasiones se puede dar el caso de que la curación realizada por los Grises se realiza simplemente por ayudar o hacer un favor. Es posible que a los Grises no les sea permitido curar sistemáticamente a todos los abducidos pues en tal caso más de algún médico humano podría comenzar a sospechar de curaciones milagrosas, y que al investigarlas, la humanidad podría descubrir el programa de abducciones, el cual, como ya se ha mencionado, es secretivo o clandestino. Dichas curaciones pueden ocurrir a bordo de un platillo volador, en la casa del abducido, y ocasionalmente dentro de hospitales normales de humanos, en donde los extraterrestres se infiltran sin ser descubiertos.

Aunque aquellos abducidos que han sido sanados son más bien la excepción que la regla general, el autor Preston Denett asegura que la cantidad de curaciones es, a fin de cuentas, bastante numerosa. En su libro "The Healing Power of UFOs" (El poder curativo de los OVNIs), Denett recolecta un total de 310 casos de sanaciones realizadas por tripulantes de OVNIs (Denett, 2019). Si bien algunos casos mencionados no parecen ser realizados por nuestros pequeños amigos Grises, la mayoría de casos sí ha sido realizada por estos pequeños abductores. La conclusión general es que los Grises son capaces de curar todo tipo de heridas y traumas causadas por accidentes, así como también enfermedades de muchas variedades: resfríos, neumonías, infecciones, cáncer, lunares, quemaduras, y prácticamente todas la enfermedades (con la posible excepción del Autismo y el mal de Alzheimer, como he sugerido en capítulos 2.12 y 2.13).

Existe una gran cantidad de métodos de sanación reportados por los testigos, desde curaciones por pequeños haces de luz aplicados a heridas que sanan inmediatamente, o bolas de luz que ingresan al cuerpo de los abducidos, intervenciones quirúrgicas con participación de varios seres, incluyendo instrumental médico extraño, medicamentos, utilización de máquinas o brazos médicos robóticos, curaciones aparentemente mentales, etc. Esto no debiera sorprendernos demasiado, la medicina humana actual puede resolver diversos problemas médicos con métodos diferentes, por lo cual es esperable que los extraterrestres tengan una cantidad aun mayor de métodos aplicables a la medicina.

Denett ha llegado a la conclusión de que los platillos voladores son, a fin de cuentas, hospitales voladores, en donde todo está normalmente limpio y ordenado, y los Grises, al llegar el abducido al interior de la nave, le realizan el chequeo médico de rigor, utilizando para ello el tacto o distintos tipos de aparatos y máquinas. En ocasiones, durante la examinación, los Grises detectan alguna anomalía médica y notifican al abducido que éste tiene dicha condición, la cual proceden a tratar y curar inmediatamente o bien le indican al abducido que debe asistir a su médico humano de cabecera.

Algunas personas creen que los Grises son una especie de doctores (médicos), y los niños ocasionalmente los describen como los "doctores malos" (Jacobs, 1992). La conclusión de que los platillos son hospitales voladores es, a mi juicio, correcta y no debiera sorprendernos, pues si sabemos que los extraterrestres son capaces de crear seres híbridos a partir de humanos y de Grises, esto implica necesariamente un conocimiento muy acabado de la biología y fisiología humana y animal, y por lo tanto debiera implicar, por lógica, la capacidad de corregir prácticamente todo tipo de enfermedades y problemas de salud de los abducidos, con las posibles excepciones mencionadas anteriormente.

En ocasiones, la sanación es solicitada directamente por el abducido, petición que puede ser aceptada o rechazada por parte de los extraterrestres. En cierta ocasión, un abducido norteamericano, sufría de una severa gripe, y yacía en el sillón sintiéndose muy mal. Repentinamente, a través del muro ingresaron dos Grises a la habitación del abducido, y ante la pregunta del enfermo de que hacían allí, uno de ellos respondió: "¿No recuerdas nuestro acuerdo?". Quedamos en que cuando estuvieras muy enfermo, yo vendría a ayudarte". Acto seguido el enfermo fue examinado y uno de los Grises le dijo que estaba sufriendo de una infección secundaria en los pulmones y en la garganta causada como resultado de una influenza. Acto seguido, el enfermo consultó si debía ir al médico o si lo habían curado, a lo cual no hubo respuesta y los Grises se retiraron del lugar. Al día siguiente el abducido despertó completamente sano (Denett, 2019). Es por tanto posible que algunos abducidos hayan pactado en ser sanados en caso de necesitarlo a cambio de sus servicios como abducidos, sin que necesariamente recuerden haber hecho tal pacto.

En los casos de accidentes, un patrón que ha sido detectado por Preston Denett es que los extraterrestres aparecen casi inmediatamente después de ocurrido un accidente donde está involucrado un abducido y realizan su labor de sanación de heridas, huesos rotos, contusiones, etc. Esto indica que el monitoreo remoto de los abducidos parecer ser una realidad. Es posible que los extraterrestres conozcan el estado de salud de la víctima mediante los implantes, y donde sea que se encuentre el abducido.

En otras ocasiones, el abducido resulta herido o lastimado durante el forcejeo mismo de una abducción, golpeándose o hiriéndose alguna parte del cuerpo. En tales casos, es probable que sea inmediatamente sanado por sus captores.

No obstante, hay varias advertencias que deben realizarse al respecto de las curaciones realizadas por extraterrestres:

1. Ser abducido no garantiza ser curado de alguna enfermedad por parte de los extraterrestres. La sanación posiblemente depende de varios factores, tales como cuán importante crean los extraterrestres que es el abducido para ellos o para la humanidad, y también posiblemente depende de la evaluación de cuál es el riesgo de que, debido a la sanación, el secreto de la presencia extraterrestre pueda ser descubierto por médicos humanos.

2. No hay garantía de que el abducido no sea devuelto con secuelas fisiológicas con posterioridad a una abducción típica. Muchos abducidos normalmente reportan que después de las abducciones sufren de cansancio, deshidratación, somnolencia, problemas nasales, dolor en los ojos, moretones, sangrado de narices, y otros problemas de salud.

3. Es posible que, después de toda una vida de abducciones, se produzca un efecto o desgaste acumulativo en los abducidos, producido por la vida sexual y reproductiva que se suma a la vida personal del abducido, más la fatiga propia de las abducciones, la falta de sueño, el desgaste psicológico, etc.

Es importante recalcar en este punto la posible ventaja que tendría un contacto abierto y público de la humanidad con los extraterrestres. Este encuentro abierto y masivo entre los extraterrestres y la civilización humana podría servir para introducir mejoras notables en el sistema de salud mundial, transformándolo completamente, y pudiendo, idealmente, sanar y mantener una humanidad virtualmente libre de enfermedades, o con muy pocas enfermedades.

Debe mencionarse que, en algunos casos, los Grises han reprendido a algunos abducidos porque éstos se alimentan mal o tienen malos hábitos, ya sea porque comen demasiada carne, o han abusado del alcohol. Esto implica que existe cierta preocupación genuina por la salud de los abducidos.

2.21   RESISTENCIA A LAS ABDUCCIONES

¿Es posible detener las abducciones? ¿Es posible hacer que los pequeños seres Grises, o sus acompañantes, se retiren y desistan de realizar una abducción?

Hay dos respuestas a esa pregunta. La primera es SÍ, posiblemente se puede evitar una abducción.

De acuerdo a algunos autores, ha ocurrido que los Grises han tenido que retirarse o huir de la escena de la abducción. La veterana ufóloga Ann Druffel creía que pueden aplicarse múltiples técnicas para que una persona evite ser abducida. En su libro "How to defend yourself against alien abduction", Druffel nos presenta una curiosa y bastante optimista interpretación en la cual sería posible romper el control mental de los extraterrestres mediante alguna de las siguientes técnicas: (1) Batalla mental, (2) Una especie de furia controlada, (3) Oraciones a Dios, o rezos a alguna entidad religiosa que elija el propio abducido (4) Practicar la capacidad de intuición que permita al abducido anticipar una abducción y estar preparado para evitarla (5) Utilizar la violencia física, si es que puede (Druffel, 1998). De acuerdo a Druffel, cuando una de estas técnicas funciona, el abducido sentirá que sus victimarios desaparecen o se desvanecen en forma repentina, quedando el abducido en el mismo lugar donde comenzó la abducción, la cual supuestamente habría sido interrumpida.

Por otra parte, la visión de David Jacobs al respecto de la resistencia a las abducciones es bastante pesimista. Jacobs básicamente cree que cuando los seres se "desvanecen", es que en realidad la abducción ya ha sido completada en forma exitosa, los seres se han ido, haciendo creer al abducido que no hubo abducción. En mi opinión, cuando se analizan los relatos de Druffel, queda la fuerte sensación de que en realidad la abducción ha ocurrido de todos modos, pues los abducidos siguen teniendo las consecuencias físicas de las abducciones, ya sean moretones, cansancio, o derechamente tiempos perdidos. Mi conclusión es que la hipótesis de Ann Druffel no es correcta, excepto en lo referente a algunas excepciones, en las cuales es posible que efectivamente se evitó la abducción. Debo aclarar que a pesar de que yo considero que Ann Druffel era demasiado optimista en su teoría de que las abducciones pueden evitarse, estoy absolutamente convencido de que sus motivaciones para plantear su teoría son admirables, y que fue una gran investigadora de la ufología.

En cierta forma, Jacobs también admite la posibilidad de que se pueda interrumpir el control mental de los extraterrestres, e incluso también acepta que pueden evitarse las abducciones, pero aclara que esto último no es práctico, ni tampoco sostenible en el tiempo. Es decir, se puede evitar una abducción, pero no se podrá evitar la siguiente abducción, ni la subsiguiente. Por ejemplo, relata Jacobs el caso de una mujer que decidió que, por las noches, iba a enrollar y amarrar su cuerpo con cuerdas largas, de manera de evitar que los extraterrestres pudieran hacer sus procedimientos médicos en ella. De acuerdo a Jacobs, la técnica funcionó, la mujer la aplicó varias noches, y los Grises finalmente le solicitaron que dejase de aplicar su técnica. El acuerdo entre Grises y la mujer fue que ella dejaría de enrollar su cuerpo en cuerdas, y que a cambio, ellos dejarían que ella recordase sus abducciones y que dejase de tener miedo. Finalmente, los Grises siguieron abduciéndola, y no cumplieron con el acuerdo. La mujer siguió sin recordar sus abducciones, y volvió a tener miedo. La moraleja es que, lógicamente, ella no podía seguir toda su vida envolviendo su cuerpo en cuerdas.

Anteriormente he dicho que los Grises pueden paralizar a los abducidos mediante un forma de control mental. No obstante, Jacobs relata muchos casos en los cuales el abducido, estando dentro del platillo volador, ha logrado poder moverse libremente y librarse, al menos temporalmente, del control mental de sus captores. En tales casos, ocurre que el abducido escapa de la mesa donde está siendo tratado, es capaz de patear o golpear a los Grises, y es capaz de huir de la habitación y colarse por los pasillos de la nave. En tales casos, el abducido finalmente es controlado por algún Gris Alto, el cual lo vuelve a llevar a su mesa de abducción. La situación es tomada en forma seria por los Grises, a los que no les agrada para nada que ocurran estas situaciones de descontrol. En ocasiones los Grises más pequeños huirán de la habitación si no pueden controlar al abducido, a la espera de que los Grises Altos puedan controlar al abducido.

Jacobs indica que el control mental es más débil mientras mayor distancia exista entre la víctima y el extraterrestre que lo quiere controlar, y que los Grises Altos parecen tener un control mental bastante poderoso, seguido por el poder de los Grises Bajos, que a su vez son seguidos por los híbridos, que tienen un poder mental menos intenso. En cambio, los extraterrestres del tipo insectoide tienen un poder mental extremadamente fuerte, el más fuerte de todos. De esta manera, podemos deducir que una posible receta para evitar ser abducido sería intentar resistirse con los más débiles de entre los seres que abducen: los híbridos. Quizá practicando con los híbridos, puedan perfeccionarse la técnica de resistencia.

También debe considerarse que la habilidad para oponer resistencia a las abducciones varía con cada abducido, es decir, que hay algunos abducidos que pueden resistirse con más facilidad y frecuencia que otros. No obstante, aparentemente, el tener dicha habilidad no es obstáculo para que los Grises sigan abduciéndolos. Según lo que se ha aprendido de los abducidos más resistentes e ingobernables, la molestia de tratar con abducidos porfiados bien vale el esfuerzo de los Grises, los cuales seguirán abduciéndolos de manera obstinada.

Otra posibilidad para resistirse a una abducción es que el abducido utilice el terror o el susto a su favor. Jacobs relata el caso de una mujer abducida que se encontraba bajo control mental, enseñándole a conducir un automóvil a un grupo de híbridos. La abducida relató que logró zafarse del control mental de los híbridos gracias a un brote de adrenalina causado por un error del híbrido al conducir el automóvil, lo cual asustó a la abducida y la hizo romper el control mental, como si despertase. Al salirse del trance, la abducida no sabía dónde estaba y salió corriendo del automóvil, teniendo los híbridos que perseguirla para poder controlarla.

Existen muchos abducidos que cuando han podido moverse durante una abducción, han golpeado a los Grises, o han ejercido la violencia de una u otra forma. Se han reportado casos de abducidos que han pateado, empujado y golpeado con los puños a los pequeños Grises. Ann Druffel relata el impresionante caso de una mujer que, estando en su casa, vio llegar a su habitación a dos Grises Bajos y un Gris Alto, aparentemente con la intención de llevársela a la nave. Posiblemente debido a la rabia de la mujer, el poder mental de los tres Grises falló, y la mujer se pudo mover, y se acercó rápidamente al Gris más alto y lo tomó bruscamente del cuello, de manera que el cuello del Gris crujió como una rama al romperse, y la gran cabeza del ser cayó hacia su espalda. Los dos Grises acompañantes, mostraron una curiosa sorpresa, como preguntándose cómo llegó a ocurrir semejante situación, luego sujetaron a su compañero herido para que no cayera al suelo, y se retiraron rápidamente del lugar. La situación ocurrió aparentemente sin represalias en contra la abducida.

Es posible que si algo similar hubiera ocurrido dentro de un platillo volador, la mujer podría haber muerto. Por ejemplo, en un caso relatado por Jacobs, estando dentro del platillo volador, los pequeños Grises perdieron el control de un hombre, y éste, escapando descontrolado por los pasillos de la nave, hizo ingreso en varias sectores y habitaciones de la nave. Finalmente fue detenido por un par de Grises Altos que parecían estar sentados cerca del centro del platillo volador. El abducido fue finalmente controlado por estos Grises, pero recuerda bien que uno de los Grises se mostró muy preocupado por la situación, y le dijo que había sido una suerte que finalmente pudieran controlarlo, pues de lo contrario, el hombre ya "no estaría más". Todo indica que, de no poder controlarlo, le hubieran tenido que aniquilar.

Otro caso sorprendente es el del abducido australiano Peter Khouri, quien durante una abducción fue violentado sexualmente, siendo obligado a besar los pezones de una mujer híbrida. Ante esta situación, Khouri fue capaz de reaccionar y mordió fuertemente el pezón de la mujer, tragándoselo, y luego sufriendo por varios días una especie de intoxicación y fuertes molestias en la garganta (Chalker, 2005).

Un caso curioso de resistencia ocurrió cuando un abducido, después de haber bebido demasiado alcohol, fue abducido por extraterrestres. Los Grises se encontraban realizando un procedimiento en una mesa con el abducido recostado, cuando éste simplemente decidió ponerse de pie y empezó a mover los brazos realizando ademanes y posturas de karate, posicionándose al centro de la habitación. Los Grises Bajos le preguntaban si se encontraba bien, al tiempo que asustados retrocedieron a las paredes de la habitación. El Gris Alto trató de razonar con el abducido, pero sin resultados. Finalmente lo miró a los ojos, y el abducido perdió el conocimiento (Jacobs, 1992).

De manera que la segunda respuesta a la pregunta que da inicio a este capítulo es NO. Es decir, no se puede evitar ser abducido de manera sistemática o permanente. Tarde o temprano, los Grises controlarán al abducido.

Creo que un asomo de posibilidad de resistirse sistemáticamente a las abducciones podría existir solo si fuera posible liberarse con total certeza del control mental de los Grises. Pero no sabemos cuan fácil sea, o cuan prolongada pueda resultar esta liberación, ni tenemos la certeza de cuan peligroso es poder actuar libremente dentro de un platillo volador. Todo apunta a que puede representar un riesgo importante, como un león repentinamente suelto en una ciudad, al cual los guardias municipales o policías tendrían que aniquilar en caso de que un ciudadano corra peligro. Por otro lado, quizá es más aceptable para los Grises que un abducido pueda resistirse al control mental cuando el abducido se encuentra en su propia casa, y la resistencia pueda ser interpretada por los extraterrestres como un acto de legítima defensa, y en un entorno menos riesgoso que evidentemente no afectaría la seguridad y el orden al interior de una nave extraterrestre.

En este aspecto, el escritor norteamericano y editor de publicaciones tecnológicas Michael Menkin, que mantiene un sitio web dedicado al tema de las abducciones (www.stopabductions.com), asegura que vistiendo un gorro especial que el mismo es capaz de fabricar de manera artesanal, y solamente por pedido, se puede evitar que los Grises controlen a la persona, y de esta manera evitar ser abducido. El gorro de Menkin puede recordarnos muchísimo al gorro de papel de aluminio que usarían algunas personas normalmente tildadas de paranoicos o conspiracionistas, que proponen la idea (desfachatada?) de que se puede evitar ser controlados mentalmente por el gobierno o por seres extraños al ponerse en la cabeza un gorro de papel de aluminio. No obstante, el gorro de Menkin no es de aluminio, sino de un material denominado Velostat. El Velostat es un material polimérico oscuro, delgado como un papel, que ha sido impregnado con un material denominado "negro de carbón", el cual le da propiedad de conductor eléctrico. El Velostat es un material utilizado para empacar utensilios que deben ser protegidos de la acción de cargas eléctricas. El Velostat tiene además la interesante propiedad de cambiar su conductividad cuando el material se somete a presión o apriete.

Menkin asegura que con los gorros de Velostat, se logra evitar que los extraterrestres controlen a sus víctimas, y que de esta forma se evita la ocurrencia de las abducciones, pues si no logran controlar mentalmente a la víctima, los extraterrestres simplemente no se atreverán a acercarse a ella. Menkin asegura que es uno de los pocos materiales conductores que realmente funciona.

He mencionado el gorro de Menkin porque David Jacobs en varias entrevistas ha aclarado que él cree que Menkin puede tener razón en sus intentos de poner un escudo en la cabeza de los abducidos. Además, mencioné anteriormente que el poder mental de los extraterrestres se debilita a medida que aumenta la distancia entre el abducido y el extraterrestre, lo cual sugiere alguna especie de influencia electromagnética a distancia, la cual bien pudiera ser bloqueada con alguna especie de escudo que sea eléctricamente conductivo o con propiedades eléctricas especiales. De esta manera, el gorro de Menkin, aunque parezca una idea ridícula, podría ser un concepto correcto.

Menkin asegura que los extraterrestres han intentado descubrir cómo opera el gorro de Velostat, pero que no han podido entender su funcionamiento. Menkin agrega que intentaron cortar pedazos del gorro por dentro y por fuera, y que se llevaron 14 cascos de Velostat, pero que aún en 2020 (según su página Web), el gorro de Velostat todavía seguía funcionando.

El realizar preguntas a los Grises e híbridos también puede constituirse en una especie de resistencia. Los Grises normalmente no esperan ser sometidos a preguntas provenientes de los abducidos, y cuando esto ocurre, las respuestas normalmente son vagas y carentes de información útil. No obstante, en ocasiones, algunas respuestas pueden contener información, y es una buena idea preguntarle lo más posible a los Grises, para revertir de alguna forma el perjuicio de ser abducido, y conseguir algo de provecho a partir de las abducciones.

Otra forma de resistencia de parte de los abducidos puede ser la acción de acudir a un estudioso de las abducciones, un ufólogo, o un "abductólogo", para que éste pueda obtener información de parte del abducido. Algunos híbridos, conocidos como los híbridos de "seguridad" odian este tipo de comportamiento, y no han dudado en amenazar a los abducidos que acuden, por ejemplo, a visitar a David Jacobs, según declaró este mismo investigador en una entrevista. Los híbridos de seguridad castigan a los abducidos que hablan demasiado, y también a otros abducidos que oponen resistencia a seguir ordenes, produciéndoles dolor de cabeza con su poder mental, o directamente aplicando violencia física: jalándoles el cabello, dándole puntapiés en las piernas, torciendo sus brazos, apretando el dedo en contra de la mejilla, o hundiendo la cabeza del testigo en agua hasta que éste comienza a ahogarse. Estos tipos de castigos o maltratos en general no generan heridas, lo que podría explicar la preferencia de los híbridos por dichos castigos. Los híbridos también amenazan con matar al abducido y sus hijos. En algunos casos amenazan con matar al investigador, en este caso David Jacobs, haciendo que el abducido vea imágenes mentales en las cuales aparece David Jacobs muerto, con la cara en el suelo y agua. De acuerdo a lo que relata Jacobs en sus entrevistas, varias personas le han relatado experiencias similares.

No sabemos si existen algunos humanos que tengan una resistencia natural a ser abducidos. Lo que sí sabemos es que todos los humanos, tanto abducidos habituales como "no-abducidos" pueden ser controlados con relativa facilidad por los extraterrestres. Esto lo sabemos por casos en que los acompañantes de los abducidos son mantenidos en un estado de parálisis cuando los Grises se llevan al abducido a la nave. En otro caso reportado, unos híbridos le relataron a un abducido, que al estar ellos caminando por la noche por una ciudad, debieron controlar mentalmente a delincuentes humanos para no ser atacados por éstos. En otros casos, una abducida que había ido a comprar una pizza fue abducida en el trayecto. Con el objetivo de finalizar la abducción prontamente, la mujer alertó al híbrido que la tenía secuestrada, que ella sería cuestionada por sus familiares si no llegaba pronto a casa, a lo que el híbrido contestó que realmente no habría problema. Efectivamente, al llegar a casa, los familiares de la abducida no la cuestionaron por traer la pizza tarde. En otra ocasión, una mujer abducida, al darse cuenta de que el híbrido que la tenía secuestrada quería ingresar a una tienda comercial a comprar cosas, alertó al abducido respecto del riesgo que existiría si dentro de la tienda hubiera alguna persona conocida por ella, y qué pensaría dicha persona si la veía acompañada del híbrido. El híbrido también contestó que no habría problema. Estos son indicios de que los híbridos y extraterrestres pueden controlar mentalmente tanto a abducidos como a no-abducidos.

Sin embargo, y aunque lo dudo, siempre es posible que existan algunos humanos resistentes al control mental, pero en caso de existir, son posiblemente una minoría.

2.22 SEXUALIDAD EN LAS ABDUCCIONES

Un analista poco preparado en ufología podría verse sorprendido del hecho de que muchas abducciones tengan una componente sexual bastante fuerte. Incluso podría quejarse y reclamar de manera muy simplista y decir: "¿Qué carajos tendría que importarle la sexualidad humana a los extraterrestres?". Luego comenzaría con las burlas y suspicacias, tales como que los abducidos no serían más que unos depravados que fantasean eróticamente con extraterrestres, o que "claro, ahora resulta que los enanos Grises son unos violadores!".

La respuesta a las suspicacias comienza con una verdad innegable: que la actividad sexual es un componente fundamental para la reproducción de los animales en nuestro planeta, lo cual evidentemente incluye a los seres humanos. Y por tanto, dado que la agenda de los extraterrestres es de carácter primordialmente reproductivo, es decir, el objetivo de los extraterrestres es que los humanos se reproduzcan y generen seres híbridos, es bastante esperable y hasta cierto punto inevitable que exista una parte sexual importante en las abducciones.

Debe reconocerse en este libro que la sexualidad que ocurre durante las abducciones podría resultar chocante e incluso lamentable si se le compara con las costumbres tradicionales y moralmente aceptadas de la civilización humana occidental de hoy en día. Incluso es posible concluir que algunas manifestaciones sexuales durante las abducciones podrían ser catalogadas como delitos, en el contexto del abuso sexual. Valga esta advertencia para el lector sensible, quien pudiera querer pasar directamente al capítulo siguiente.

Se puede decir, de acuerdo a lo que relatan los abducidos, que los Grises puros no tienen órganos sexuales, por lo cual simplemente no pueden tener relaciones sexuales con humanos. Por lo tanto, la afirmación de que los Grises o los insectoides son unos violadores, puede descartarse de plano. Dada la ausencia de órganos sexuales, la interacción sexual de los Grises e insectoides con los humanos se limita a lo que puede hacerse mediante control mental, lo cual en estricto rigor, tampoco es poca cosa. El Gris puede, mediante control telepático, generar sentimientos de amistad, amor, y también de excitación sexual, en la mujer abducida, e incluso lograr que ella experimente un orgasmo. Los hombres abducidos también pueden ser estimulados de manera mental por Grises, especialmente por Grises que ellos perciben como hembras. Este tipo de situación ciertamente generará reacciones emocionales en los abducidos, tales como amor en algunos casos, y odio en otros casos. Las razones por las cuales se obliga mentalmente a una mujer a llegar al orgasmo son fundamentales para la agenda de las abducciones, y constituyen una evidencia bastante importante de la realidad de las abducciones, tal como se discutió en capítulo 2.4.

La realidad sexual respecto de los híbridos es muy distinta a la de los Grises e insectoides. A partir de un cierto nivel de hibridación, específicamente el nivel de híbrido de etapa tardía, estos seres ya tienen órganos sexuales y pueden tener relaciones copulatorias con los abducidos. De acuerdo a algunas abducidas, en ocasiones los híbridos adolescentes son ordenados a tener actividad sexual con las abducidas a modo de entrenamiento y posiblemente para satisfacción sexual del híbrido. Normalmente el híbrido/a que está copulando con un abducido o una abducida utiliza también el control mental o imágenes mentales sexuales para reforzar el placer de la víctima.

Según algunos relatos, el movimiento de empuje del híbrido durante la copulación es extraño, y consiste básicamente en que solamente ocurre un pulso final y luego la eyaculación por parte del híbrido. Asimismo, las mujeres relatan que el miembro viril del híbrido se siente más delgado y más corto que el de un ser humano.

De acuerdo a David Jacobs, algunos híbridos que ya están viviendo actualmente inmersos en la sociedad humana, llevan una vida sexual muy activa y con variadas parejas sexuales, a las que el híbrido puede acceder fácilmente y cuando lo desee, con ayuda de sus capacidades de control mental (Jacobs, 2015).

Algunos híbridos de apariencia humana establecen relaciones sentimentales con los abducidos, las que pueden durar años, manteniendo además relaciones amistosas y de afecto. Estos híbridos o híbridas son más emocionales y parecen sentir afecto real y amor hacia los abducidos y abducidas, así como también otras emociones tales como enojo, ira, celos, violencia, etc. Estos híbridos pueden comenzar la vida sexual y afectiva con abducidas adolescentes desde que ellas son muy jóvenes, en ocasiones demasiado jóvenes.

Al parecer, a los extraterrestres e híbridos no les importa o no entienden a cabalidad los efectos psicológicos que puedan tener las relaciones sexuales con abducidas demasiado jóvenes. En un caso específico, un Gris le comunicó a una adolescente joven que ya estaba lista para aparearse, que ya estaba madura, casi como si fuera un animal que ya puede reproducirse, quizá ignorando que la madurez mental de la pequeña muy probablemente no estaba preparada para tener una relación de tipo sexual. Solo podemos especular sobre las razones de esta ignorancia de los extraterrestres en lo que respecta a la educación sexual y el cuidado del desarrollo mental de los niños, pero lamentablemente es así.

Pero los relatos son los relatos, no pueden negarse simplemente porque no nos gusten, y de acuerdo a estos relatos, los extraterrestres comienzan los procedimientos reproductivos con las abducidas, a edades muy tempranas, 7 u 8 años. Esta situación tiene un tinte realista desde el punto de vista biológico, y por tanto tiene el aspecto de evidencia científica, puesto que nuestros científicos ya saben que es justamente a esta edad, de 7 u 8 años de la mujer, que sus óvulos adquieren un grado importante de madurez reproductiva.

Una abducida reportó que su himen fue roto en una abducción ocurrida a los 7 años, aunque esta situación puede darse también en abducidos de edades posteriores. De hecho, parece ser una generalidad invariable de las abducidas el hecho de que sus hímenes se encuentran ya rotos, para cuando tienen su primera relación sexual normal con sus novios humanos (Jacobs, 1992). No se sabe bien cuál es la función del himen en el cuerpo femenino, pero se sabe en la actualidad que la rotura del himen no solamente puede ocurrir por actividad sexual, sino que también puede ocurrir por el uso de tampones para menstruación o por actividades cotidianas, tales como conducir una bicicleta. No obstante, también es frecuente que la rotura del himen ocurra durante el primer encuentro sexual de una mujer, y por tanto bien podría estar ocurriendo que muchas roturas de himen se producen a edades más tempranas que lo normal, durante las abducciones.

Las mujeres también reportan comúnmente que, durante el primer encuentro sexual normal con su primer novio humano, sienten que en la habitación hay alguien más vigilando, o que tiempo después tienen problemas para recordar detalles de este primer encuentro sexual, lo cual les produce confusión (Jacobs, 1992). Es probable que las abducidas estén siendo monitoreadas por los Grises o híbridos durante su primera relación sexual normal, para algún tipo de aprendizaje de los extraterrestres.

Respecto de los hombres abducidos, como ya se dijo, el objetivo de los extraterrestres es obtener sus espermatozoides para los fines reproductivos de hibridación. Para lograr este objetivo, el control mental no funciona en todos los casos, o bien no funciona para incitar a los hombres a eyacular. La lógica es que primero debe haber una erección, y para ello los extraterrestres obligan a una mujer abducida para que ésta "ayude" al hombre abducido masturbándolo, o practicándole felatio. En muchas ocasiones, la mujer escogida deberá solamente tener relaciones sexuales con el abducido, y justo antes de producirse la eyaculación, el hombre será rápidamente retirado desde la mujer y su semen será recolectado en un recipiente especial.

En otros casos, no se requiere que una mujer "ayude" al abducido, y basta con que los extraterrestres coloquen un aparato especial en el pene del abducido para extraer semen, tal como le ocurrió a Barney Hill en la famosa abducción que sufrió junto a su esposa Betty Hill (Jacobs, 2009).

2.23 ABDUCCIONES Y CAMBIO CLIMÁTICO

El fenómeno del calentamiento global y del cambio climático ha sido identificado por los científicos humanos como un problema grave que está afectando al Planeta Tierra. El consenso científico también indica que el fenómeno es de carácter antropogénico, es decir que ha sido causado por la actividad humana industrial, agrícola, social, etc.

El investigador coreano Dr. Young-hae Chi ha postulado la hipótesis de que los extraterrestres están en el planeta Tierra motivados por la idea de evitar el cataclismo que podría derivarse del cambio climático derivado del calentamiento global. Young-hae Chi es instructor de la universidad de Oxford, y se desempeña como lingüista del idioma coreano.

El Dr. Chi ha comentado, en una conferencia del año 2012, que las abducciones se volvieron muy numerosas poco después del año 1950, tiempo que coincide con el comienzo del aumento brusco de la temperatura de la superficie terrestre y de la cantidad de dióxido de carbono en la atmosfera terrestre. El dióxido de carbono es un gas considerado como causante del efecto invernadero. Este gas es generado en enormes cantidades por la utilización y quema de combustibles como la gasolina y el petróleo.

De esta manera, Young-hae Chi postula que la raza híbrida que está siendo creada por los extraterrestres tiene como finalidad evitar que ocurra el cataclismo climático planetario, o bien, que en caso de que ocurriera una extinción de la humanidad causada por el cataclismo climático, serían los híbridos quienes volverían a poblar el planeta Tierra. Si bien sabemos que las abducciones comenzaron cerca del año 1900, Chi tiene razón en que los casos de abducción parecen haberse intensificado después del año 1950. También hay que tener en cuenta que el aumento de la temperatura ya había comenzado a dar señales de aumento leve cerca del año 1900, así que si bien se puede decir que las ideas de Chi tienen bastante mérito, tampoco podemos decir que sean definitivas.

No obstante las dudas que se puedan abrigar respecto de la hipótesis del Dr. Chi, existe evidencia de que a los Grises les preocupa la contaminación de nuestro planeta pues frecuentemente, durante las abducciones, a los abducidos se les muestran imágenes mentales apocalípticas de un planeta Tierra devastado: cataclismos, inundaciones, terremotos, ciudades destruidas, gente muriendo, guerras atómicas, etc. Los Grises les dicen a los abducidos que esto no tiene que suceder en la realidad, pero que efectivamente el peligro está siendo creado por los humanos (Jacobs, 1998).

Es posible que Chi tenga razón, al menos parcialmente. De todas formas, es muy probable que los extraterrestres tengan en mente muchas

otras tareas para nuestro planeta, además de resolver el problema ecológico causado por el cambio climático.

3. TERCERA PARTE: EL FUTURO DE LA HUMANIDAD

En esta parte del libro daré repuestas a preguntas esenciales tales como: ¿Por qué ocurren las abducciones? y ¿Son buenas las abducciones? También relacionaré el fenómeno de las abducciones con el fenómeno OVNI y explicaré la ocurrencia de estrellamientos de naves extraterrestres. Terminaré tratando de predecir cuál será el destino de la humanidad considerando la situación actual de las abducciones.

3.1 ¿POR QUÉ OCURREN LAS ABDUCCIONES?

Esta es una de las preguntas difíciles. Y no tenemos una respuesta definitiva, pero el deber de este libro es tratar de responderla. La idea más segura que se tiene es que las abducciones ocurren debido a que los extraterrestres han decidido que los seres híbridos (es decir seres que son una mezcla de humano y extraterrestre) deben de comenzar a vivir dentro de la sociedad humana. Desafortunadamente, los propios híbridos no saben cuál es la meta final de la agenda extraterrestre. Los insectoides, que son los líderes, probablemente no les entregan todos los detalles a los Grises y mucho menos a los híbridos. Lo que saben los híbridos es que deberán vivir acá en La Tierra.

Estos híbridos están siendo creados (en grandes cantidades) por los propios extraterrestres. Los híbridos tienen una apariencia normal y una estatura normal, y probablemente en lo que respecta a su color de piel y apariencia general, se adaptan al país donde están operando o donde tienen destinado vivir. Como ya se dijo en capítulos anteriores, estos híbridos son creados a partir del material genético de los humanos abducidos y del material genético de los mismos Grises que realizan las abducciones. Tras las sucesivas hibridaciones, los extraterrestres han logrado crear un tipo de ser híbrido que luce exactamente igual que un humano, pero que tiene la capacidad telepática para comunicarse sin hablar y que también puede controlar las acciones de otros seres humanos. Estos seres híbridos de apariencia idéntica a la humana, han sido seleccionados para vivir dentro de la sociedad humana, y son el resultado de varias hibridaciones sucesivas.

Los híbridos con mayor apariencia de Gris se mantienen viviendo en las naves extraterrestres, realizando labores de apoyo al proceso de las abducciones, y otros posiblemente viven en bases extraterrestres subterráneas o bases ubicadas en otros planetas. Las abducciones corresponden a un proceso que ha sido lento, que comenzó en las cercanías del año 1900, y que a juzgar por la actitud de los extraterrestres, es un proceso que debe ser llevado a cabo con sumo cuidado para no ser descubierto por alguna nación humana que oponga resistencia al proceso. No se sabe cuándo comenzó la inserción o infiltración de seres híbridos dentro de la sociedad humana, pero parece ser que ya en los años 80 la inmigración híbrida comenzó a darse en forma lenta pero sistemática, aunque algunos reportes previos podrían indicar que existieron algunos casos de infiltración antes de los años 80 (Jacobs, 1998) (Hopkins, 2003) (Jacobs, 2015).

Por lo que ha investigado David Jacobs, en algún momento, los extraterrestres actuarán en forma abierta, en lo que él denomina "The

Change", que en español significa "El Cambio". Aparentemente, en ese momento del futuro, los extraterrestres tomarán el control de la sociedad humana, y los híbridos y extraterrestres se mostrarán abierta y públicamente (Jacobs, 1998) (Jacobs, 2015).

¿Cómo sabemos todo esto de la infiltración y de El Cambio? Pues durante algunos casos de abducciones ocurridos en los años 90, los Grises le mostraban al abducido imágenes de niños y personas reunidos en un lugar que podría ser un parque al aire ilbre. A continuación le preguntaban al abducido si era capaz de identificar la presencia del "infiltrado" entre ellos. El abducido normalmente respondía que no, que no era capaz de detectar a nadie extraño en la imagen, ante lo cual los Grises parecían sentirse satisfechos. Luego de esto, le comunicaban al abducido que "pronto" todos estaríamos juntos y cada uno conocería su lugar, y que todos serían felices. Si bien nadie aclaraba a que se referían exactamente los extraterrestres o los híbridos con la palabra "pronto", los reportes son una clara indicación de que al mostrarle imágenes de reuniones sociales a los abducidos, los extraterrestres estaban probando la factibilidad de insertar o infiltrar a los suyos dentro de la sociedad humana. Dentro de mi percepción, la palabra "pronto" significaba "lo antes posible", es decir cuando se cumplan las condiciones y requerimientos para que los extraterrestres y humanos se reunieran de manera abierta. Claramente, dichas condiciones aún no han ocurrido cuando escribo estas palabras.

En otra indicación de que los extraterrestres quieren vivir entre nosotros, algunos abducidos reportaron haber sido entrenados para controlar la mente de otras personas y obligarlos realizar acciones en contra de su voluntad o intereses. Algunos abducidos reportaron haber sido entrenados para guiar multitudes humanas huyendo aterrorizadas por las calles. Una abducida fue entrenada para controlar un platillo volador y rescatar a un extraterrestre Gris que huía de una turba de humanos enfurecidos. No hay que ser ningún genio para deducir que este entrenamiento puede deberse a la preparación para enfrentar eventos del futuro.

El investigador David Jacobs cree que lo que está ocurriendo se podría denominar una especie de "adquisición planetaria". De esta forma, los extraterrestres estarían quedándose con nuestro planeta de manera pacífica. Podría ocurrir, por lo tanto, que el planeta Tierra en algún momento pase a ser propiedad de los extraterrestres. Ellos controlarían, a través de los híbridos infiltrados, y de los abducidos, a la sociedad humana completa y posiblemente se convertirían en los líderes de nuestro mundo. Unos seres que tienen la habilidad de controlar las acciones de los humanos, serían prácticamente lo mismo que un líder político de la actualidad, aunque es posible que los futuros líderes extraterrestres presenten un menor grado de corrupción y sean un aporte bastante más contundente a la tecnología, medicina, ecología y bienestar básico de la humanidad, aunque quizá a un costo mayor de las libertades personales.

David Jacobs incluso ha llegado a predecir o sugerir que el procedimiento de las abducciones y de la hibridación ha sido realizado por los insectoides en otras civilizaciones de otros planetas. Su razonamiento es que los procedimientos realizados en nuestro planeta están tan bien pensados y planificados, que es como si tuvieran mucha práctica en ello, y que estuvieran habituados a hacer este proceso en forma rutinaria (Jacobs, 2015).

Mi especulación personal es que en caso de que el procedimiento de infiltración por parte de estos seres, ocurriese en forma pacífica, de manera que la cantidad de híbridos infiltrados llegue a una cantidad suficiente (es decir una masa crítica) que permita controlar mentalmente en forma efectiva al resto de la humanidad, las consecuencias para la humanidad no debieran ser catastróficas. Esta transición debiera ser pacífica y realmente me gustaría que fuese beneficiosa para la humanidad. El mundo actual es una especie de infierno de enfermedades y hambre para una gran parte de la humanidad, y la llegada de los extraterrestres, si bien pudiera ser incómoda para los humanos que dominan el planeta, podría ser una bendición para los países más pobres del mundo, y las especies animales y vegetales.

Por otra parte, si las cosas se salen de control antes de que el proceso de infiltración termine, la forma de controlar a la humanidad podría llegar a ser bastante más drástica, y esto podría significar enfrentamientos bélicos y muerte, y casi con toda probabilidad, de ocurrir este escenario, morirían muchísimos más humanos que extraterrestres, y esto sería debido a la clara superioridad tecnológica y de control mental de los extraterrestres. Los extraterrestres le dijeron a un abducido, Rashma Kamal, que en el caso de que el programa de hibridación tenga problemas, se conservará una pequeña población de humanos no-abducidos para propósitos reproductivos (Jacobs, 1998). Esta información no es completa, y no explica que pasará con el planeta Tierra en caso de que el programa de las abducciones llegase a fracasar, aunque ciertamente no es tranquilizador saber que la población humana podría verse reducida a una pequeña población en un escenario pesimista.

Creo que es preferible ser optimista y considerar el caso en que el programa de abducciones tiene éxito. Si bien los extraterrestres e híbridos hablan del glorioso futuro que le espera a los abducidos junto a los extraterrestres e híbridos, también es cierto que hablan poco del resto de la humanidad, es decir de aquellos humanos que no son abducidos. Aparentemente, y de acuerdo a David Jacobs, los humanos normales tendrían una participación menor en el desarrollo futuro del planeta Tierra. Sin embargo, de acuerdo a David Jacobs, al ser preguntados, los extraterrestres explícitamente han negado que sus intenciones sean las de aniquilar al resto de la humanidad, de manera tal que los no-abducidos podemos preocuparnos (un poco) menos.

Por el lado contrario, también es relevante mencionar la idea de que, a fin de cuentas, los híbridos infiltrados entre nosotros también deberían ser considerados humanos. En efecto, ellos tienen exactamente nuestra apariencia y probablemente tienen mayoritariamente ADN humano, con algunas modificaciones, por lo cual no tendríamos ningún derecho a expulsarlos del planeta, o acabar con ellos, si es que pudiésemos hacerlo. Por las razones indicadas en la Capítulo 2.15, lo mismo aplicaría a los Grises, ellos también tendrían el derecho a ser llamados "humanos", pues según lo que expliqué, los Grises también tienen ADN humano, aunque probablemente en menor cantidad que los híbridos.

A la luz de la información respecto de las abducciones, la mejor opción en este momento es prepararse mentalmente para recibir a nuestros extraños hermanos cósmicos, ellos han llegado para quedarse, y esperaremos que nos enseñen a ser mejores y que a la vez nos permitan desarrollarnos de la forma más libre posible, considerando que serán ellos los que lideren el desarrollo futuro de nuestro planeta. Es posible que ellos puedan aprender algo de nosotros también, y de la forma en que los humanos vemos el universo.

3.2   ¿SON BUENAS LAS ABDUCCIONES?

Existe una interpretación optimista del problema de las abducciones. Por ejemplo, el reconocido psiquiatra Dr. John Mack se decantaba por una visión positiva de las abducciones y de los seres que abducen. Mack creía que los extraterrestres venían a enseñarnos y a elevar el espíritu humano. Pero, ¿cómo podrían ser benignos los procedimientos dolorosos y humillantes realizados de manera clandestina, autoritaria y obligada sobre las indefensas víctimas de una abducción? En esas condiciones, es difícil de creer que la agenda de los extraterrestres sea positiva.

No obstante, la visión de que nuestros hermanos mayores del cosmos vendrán a rescatarnos y elevarnos espiritualmente podría ser correcta en algún sentido. Mal que mal, muchas veces para aprender algo, tenemos que sufrir el rigor del esfuerzo y del trabajo.

Podría pensarse o interpretarse que los extraterrestres nos están dando una especie de regalo. Por ejemplo, la telepatía que tienen los híbridos que viven entre nosotros, y que podría traspasarse a los humanos del futuro, podría perfectamente ser ese regalo. De hecho, David Jacobs ha reportado que los híbridos con apariencia humana no sienten atracción sexual por los híbridos del sexo opuesto, sino que solamente se sienten atraídos por humanos puros. Esto significa posiblemente que el propósito de los extraterrestres al enviar a los híbridos al planeta Tierra, es impregnar la genética extraterrestre, y por ende la telepatía, en toda la humanidad, incorporando quizá otras cualidades, tales como un temperamento más controlado. ¿Podría ser que los híbridos infiltrados pudieran tener hijos con seres humanos normales, y que estos hijos tuvieran también capacidades telepáticas? Si así fuera, la capacidad telepática se extendería a toda la humanidad en algunas generaciones, hasta que finalmente todos los humanos serían telepáticos. La telepatía sería entonces una especie de regalo cósmico.

En el lado social, una humanidad dotada de capacidades telepáticas podría ser una humanidad más unida y solidaria. Las capacidades telepáticas pueden ser un problema serio en un principio, pues tienen el potencial de afectar la privacidad de los pensamientos íntimos de cada cual, lo cual será desagradable para muchos de nosotros. Pero por otro lado la telepatía nos ayudará a ser más comprensivos, más abiertos y tolerantes, y menos propensos a perjudicar a otras personas. Saber lo que está pensando nuestro prójimo podría ayudarnos a entendernos mejor y mejoraría la comunicación, lo cual a su vez podría mejorar el desarrollo de la ciencia, tecnología, política, arte y desarrollo humano en general. Las guerras podrían desaparecer si es que los humanos entendiéramos mejor las necesidades del otro.

Por otra parte, los humanos somos una especie con ciertas tendencias violentas, y nos hemos dedicado a realizar la guerra y fabricar armas en los últimos 5000 años y posiblemente desde antes. Estamos además destruyendo rápidamente nuestro planeta mediante la contaminación del aire, lo cual está causando un calentamiento y cambio climático del planeta. Es claro que necesitamos ayuda. No se trata de repetir la idea bastante manoseada: "oh! que maravilloso es que vengan nuestros queridos hermanos del espacio a salvarnos con su gran sabiduría", sino que se trata de expresar una frase más realista y adecuada, la cual es: "Carajo! necesitamos ayuda!".

3.3 RELACIÓN DE LAS ABDUCCIONES CON EL FENÓMENO OVNI

De acuerdo al gran investigador David Jacobs, el entendimiento de lo que ocurre durante las abducciones corresponde nada más y nada menos que a la resolución final del enigma OVNI, entendiéndose por OVNI, el fenómeno de los Objetos Voladores No identificados, el cual ha sido estudiado por la ciencia de la ufología desde 1947. Jacobs afirma que por una parte, la ufología se limita a entender los objetos voladores desconocidos que vuelan en nuestros cielos, viéndolos *desde lejos y por fuera*, es decir, analizando sus maniobras, velocidades, formas, registros fotográficos, filmaciones, registros de radar; su apariencia metálica o su apariencia luminosa. Y por la otra parte, Jacobs siempre afirma que el estudio de las abducciones nos enseña lo que ocurre *dentro* de un platillo volador; es decir las actividades, interacciones y comunicaciones entre extraterrestres y humanos. ¿Y qué es lo realmente relevante? La respuesta es obvia, lo más importante es entender lo que ocurre *dentro* de los platillos, es decir, saber que ocurre con las abducciones.

Aunque no debe quitarse el mérito a los ufólogos tradicionales que se enfocaban solo en los avistamientos de OVNIS (llamaremos a estos ufólogos, los "ovnísticos", en contraposición con los "abduccionistas"). El mérito de los ufólogos ovnísticos ha sido estudiar en forma paciente las características y patrones de los OVNI y a partir de ellos deducir que no puede tratarse de artefactos fabricados por humanos o de algún tipo de tecnología humana. Cuando se habla de auténticos OVNIs, se trata de objetos sin alas y sin hélices, sin motor de reacción, de vehículos capaces de estar flotando tranquilamente en el aire, y repentinamente salir volando con una velocidad impresionante, haciendo muy poco o nada de ruido. Es lógico atribuir estos objetos a una tecnología avanzada más allá de lo humanamente posible, y ese es un logro de los ufólogos ovnísticos.

No obstante, el mérito final es saber que ocurre dentro de los OVNI, y ese es un logro atribuible a los ufólogos abduccionistas, entre los cuales se puede contar a David Jacobs, Budd Hopkins, John Mack, Preston Denett, entre muchísimos otros investigadores bastante valientes.

Si miramos la situación desde el lado pesimista, y si quisiéramos oponernos del todo a una colonización extraterrestre, hay que decir que lamentablemente todos los ufólogos hemos fracasado. Hemos perdido la partida contra los extraterrestres. No hemos logrado detener la invasión silenciosa y no hemos logrado desenmascarar a los "invasores", ni convencer a los gobiernos de tomarse el asunto en serio.

Pero este fracaso puede desmenuzarse aun más. Los ufólogos hemos fracasado de distintas formas según cada tipo de ufólogo. Revisémoslos:

3.3.1 Ufólogos partidarios de la hipótesis extraterrestre

Estos son los ufólogos que se dieron cuenta de que los extraterrestres estaban visitando nuestro planeta. Este grupo, en el cual me incluyo, contiene tanto a ufólogos abduccionistas como a ufólogos ovnísticos. Pues bien, estos ufólogos, se percataron correctamente de que los OVNIs son reales y que son de origen extraterrestre. Bravo por eso. Pero, no fuimos capaces, ni tuvimos la inteligencia suficiente de proveer la evidencia necesaria, ni la argumentación lógica suficiente para convencer al público, a los científicos, y a los gobiernos en general, respecto de que había que darle más importancia al asunto OVNI. Algunos estudiosos que aportaron en gran medida en el desarrollo de la hipótesis extraterrestre dentro de la ufología fueron el Mayor Donald Keyhoe, el físico nuclear Stanton Friedman, y el artista Budd Hopkins, entre muchos otros, que a mi juicio personal, merecen la calificación de campeones de la humanidad, a pesar de haber fallado.

3.3.2 Ufólogos escépticos e incrédulos

Este tipo de ufólogos, también conocidos como los ufólogos "psicosociales", no cree en la existencia de un fenómeno genuinamente enigmático OVNI, y mucho menos en que los extraterrestres estén visitándonos. Son los derrotados más grandes desde el punto de vista intelectual. Fueron absolutamente incapaces de entender la complejidad del fenómeno OVNI, incapaces de separar el fenómeno realmente enigmático de los fenómenos colaterales inevitables, vale decir, le dieron una importancia desmedida a los fraudes y montajes perpetrados por farsantes y locos, demasiada importancia a los errores de interpretación de los testigos honestos, y demasiada relevancia al poder del esparcimiento de rumores falsos y fantasías. Peor aún, fueron incapaces de caracterizar adecuadamente el fenómeno y a los testigos del fenómeno desde el punto de vista psicosocial, aspecto en el cual se jactaban de tener algo de maestría, pero la verdad es que esta supuesta maestría en ciencias sociales y psicológicas, solo correspondía a poco más que charlatanería pura, sumada a una actitud petulante. Lo que es aun peor, jamás pudieron ayudar a los abducidos en su problemática psicológica, ni siquiera dándoles apoyo moral. Algunos de ellos se rebajaron incluso al nivel de hostigar y desacreditar a las víctimas de las abducciones. Un ejemplo de esto último fue Philip Klass, un ingeniero eléctrico norteamericano, que se desempeñaba como periodista, que no dudó en hostigar a abducidos famosos, tales como el reconocido Travis Walton, entre otros abducidos.

Para algunos estudiosos, Klass fue un agente gubernamental pagado para descreditar el fenómeno OVNI. Yo prefiero, debido a la bajeza humana con que actuó, pensar que Klass simplemente tenía algún problema de patología mental, sin negar ni rechazar la idea de que Klass también pudo, o no, haber sido pagado por alguna agencia gubernamental para desacreditar y ridiculizar a las víctimas de las abducciones.

3.3.3 Ufólogos Confundidos

Aquí podemos encontrar a todos los ufólogos que creen que el fenómeno OVNI es causado principalmente por agentes tales como: fenómenos paranormales, fuerzas misteriosas de la naturaleza o de otras dimensiones, una conciencia cósmica que lo permea todo, prototipos militares ultra-secretos, humanos del futuro, fuerzas demoníacas, etc. Esto incluye a aquellos ufólogos que si bien aceptan la posibilidad de visitas extraterrestres, relegan la idea extraterrestre una posibilidad menor, y de poca importancia. Estos ufólogos tienen el mérito, bastante modesto, de haberse percatado de que el fenómeno OVNI es peliagudo y enigmático, pero se vieron alejados de la hipótesis extraterrestre por razones variadas, entre las cuales podemos contar las siguientes: (1) Extrañeza aparentemente excesiva de algunos casos OVNI, extrañeza que según ellos descartaría la explicación extraterrestre (2) Ataques intensivos provenientes de los ufólogos escépticos en contra de la hipótesis extraterrestre, y (3) Una especie de aburrimiento con la hipótesis extraterrestre. Es decir, algo así como que "llevamos tantos años sin poder demostrar la hipótesis extraterrestre, que debe ser otra cosa". Este último, claramente, no es ningún argumento lógicamente válido.

Sin quitarle el "crédito" a todos los ufólogos por el fracaso en desenmascarar a los extraterrestres, hemos de reconocer que gran parte de este fracaso se basa en las acciones y las inacciones de dos estamentos muy importantes de la civilización humana. Un estamento corresponde a los gobiernos, y el otro estamento es la comunidad científica.

3.3.4 Los gobiernos

Nos referimos aquí a aquellas facciones gubernamentales que obtuvieron evidencia dura de la existencia de los OVNIs, y que por tanto han podido estudiar el fenómeno con mayor facilidad que los ufólogos civiles mencionados en los párrafos anteriores. Dentro de este grupo debemos incluir a las fuerzas militares asociadas a cada gobierno. Este grupo de líderes gubernamentales y de líderes militares ha preferido callar y ocultar la verdad por diversas razones estratégicas. Posiblemente creyeron que liberar toda la información OVNI y extraterrestre iba a provocar un colapso económico y social a nivel mundial. Posiblemente hayan tenido razón en querer evitar un caos económico, social y religioso, pero quizá debieron haber ponderado mejor cuales serían los efectos de evitar tal crisis. Por ejemplo, existe bastante evidencia de que el gobierno de los EEUU conoce la realidad del fenómeno OVNI, aunque debemos entender que no es fácil para un gobierno admitir públicamente que las abducciones son reales, y que el mismo gobierno y los militares no pueden hacer nada, absoluta-mente nada, para proteger a las personas. De esta manera el secretismo gubernamental no sería otra cosa más que un intento para evitar el caos y evitar una posible debacle social.

Pero por el otro lado, los efectos de evitar tal caos, como ya lo sos-pechamos, corresponderían a la total inacción ante una invasión planetaria silenciosa, como la que está efectivamente ocurriendo. Otra posibilidad que debe ser tenida en cuenta, es que los líderes de los principales gobier-nos de la Tierra fueron contactados por los extraterrestres, los cuales, mediante una comunicación secreta con algunos líderes gubernamentales, los obligaron a mantener el secreto, bajo la amenaza de que en caso de negarse a mantener dicho secreto, sobrevendría inmediatamente una in-vasión extraterrestre abierta y directa, posiblemente bélica.

Sea como sea, al callar el problema, los gobiernos posiblemente también le fallaron a la humanidad.

3.3.5 La comunidad científica

La comunidad científica ha actuado de manera bastante floja, por no decir negligente. Muchos científicos, enfocados en sus propias discipli-nas, simplemente no tuvieron la suficiente visión y no se percataron de que la humanidad se encontraba ante un problema científico de grandes pro-porciones. Otros, se dieron cuenta de que algo extraño ocurría, pero prefirieron seguir en lo suyo. La mayor parte de los científicos que tuvieron algún acercamiento al fenómeno OVNI, pensaron que si seguían estudián-dolo podrían verse perjudicados en lo que respecta a su reputación: que iban a ser tildados de locos, o de fantasiosos, y finalmente despedidos de sus carreras, en lo cual puede ser que tuvieran algo de razón. Otros, los menos, decidieron atacar al fenómeno OVNI, denostándolo y burlándose del mismo. Entre ellos se puede contar a científicos de la talla de Donald Menzel, astrónomo y astrofísico norteamericano, y los mediáticos Dr. Carl Sagan y Dr. Stephen Hawking, entre otros.

Otros científicos, los menos numerosos, tuvieron la valentía de estudiar el fenómeno OVNI, o bien de darle la importancia que se merece. Entre ellos se cuentan el Dr. James E. McDonald, físico atmosférico, prominente en su campo, quien valientemente propuso, desde su posición científica, que la hipótesis extraterrestre era la más plausible para explicar el fenómeno OVNI. Otro científico bien conocido fue el astrónomo Dr. Joseph Allen Hynek, quien trabajó para la Fuerza Aérea de EEUU, y que partiendo inicialmente como un escéptico, a la larga fue convenciéndose de que el fenómeno OVNI era realmente un enigma que debía estudiarse. En la actualidad, el Dr. Michio Kaku, físico de la teoría de cuerdas, ha proclamado que el fenómeno OVNI es digno de estudio, y que las Fuerzas Armadas son las responsables de dar una explicación al respecto.

Pero más allá de algunas contadas excepciones como las mencionadas, la mayoría de los científicos no han querido ni acercarse al estudio del fenómeno OVNI, y por lo tanto, como estamento global, también le fallaron a la humanidad.

3.4   ESTRELLAMIENTO DE PLATILLOS VOLADORES

Otros científicos de alto nivel, fueron utilizados directamente por el gobierno norteamericano para estudiar restos de naves extraterrestres accidentadas y también los cadáveres de sus tripulantes, que fueron recuperados por los militares. Estos científicos probablemente tuvieron que callar lo que sabían, por razones de secreto militar y gubernamental. Algunos de estos científicos de gran nivel fueron Vannevar Bush, J. Robert Oppenheimer, John von Newman, Edward Teller, entre otros. Si consideramos el altísimo y reconocido nivel científico de estos hombres, y a ello le sumamos que participaron en el análisis de tecnología extraterrestre recuperada, su categoría científica debería reubicarse en el nivel de legendaria. Otros científicos de algo menor rango, pero aun así muy conocidos, y que participaron en el análisis de la tecnología extraterrestre fueron Detlev Bronk, Philip Morrison y Merle Tuve, entre muchos otros nombres que permanecen secretos al día de hoy.

¿Existe alguna relación entre los estrellamientos OVNI y las abducciones? Pues parece difícil de creer, pero la respuesta es sí.

Por ejemplo, tenemos el objeto estrellado cerca de Roswell, en el estado de Nuevo México, en EEUU, en julio de 1947. Este estrellamiento fue efectivamente una nave extraterrestre. El aparato contenía dentro a varios seres Grises. Al parecer, un par de ellos estaban vivos, pero murieron al poco tiempo. Me refiero aquí, por supuesto, a los mismos Grises que realizan las abducciones.

Otros estrellamientos ocurrieron después (y aparentemente antes) del caso Roswell. Por ejemplo, el investigador Scott Ramsey recientemente ha publicado un libro en que se presenta la investigación del caso del estrellamiento de un platillo volador en Aztek (Nuevo México) en 1948, en donde también se recuperaron cuerpos de extraterrestres. El caso Aztek ha sido típicamente descartado como un fraude, pero recientemente el caso ha sido validado por Scott Ramsey, quien ha dado cuenta de todas las críticas previas que se le habían realizado al caso (Ramsey, 2016).

Lo más probable es que dada la ocurrencia de estos estrellamientos de platillos voladores, los gobiernos ya estén bastante al tanto de que las abducciones son reales. Es posible que hayan encontrado en algunos platillos voladores estrellados, el equipamiento y herramientas utilizadas en las abducciones, y por qué no, también es posible que algunos estrellamientos hayan incluido la presencia de humanos abducidos o híbridos a los que lamentablemente les tocó la mala suerte de estar dentro del platillo volador al momento de estrellarse éste.

El lector escéptico podrá preguntarse ¿cómo es posible que naves extraterrestres con una tecnología tan avanzada puedan estrellarse tan fácilmente de tal forma que al día de hoy existan varios supuestos estrellamientos registrados en la década de los 40 y también algunos después?

Se trata de una pregunta muy razonable que debe ser respondida seriamente. La respuesta debe considerar el contexto general de las abducciones. Lo que sabemos de las abducciones es que si bien los extraterrestres son seres con una tecnología muy avanzada, ciertamente no son dioses y como ya sabemos, cometen errores y tienen preocupaciones. No son seres todopoderosos.

No obstante, el lector escéptico razonable respondería lo siguiente: —"De acuerdo en que no es posible anular completamente la posibilidad de que tengan un accidente, pero esto de tener un accidente el año 1947 y luego el año 1948 ¿no suena a una accidentabilidad excesiva?". Bien, puede sonar excesivo tener un accidente en 1947 y luego en 1948 si es que tuvieran algunas pocas naves circulando por allí. ¿Pero qué ocurriría si tienen miles o decenas de miles de platillos voladores operando en nuestros cielos? Si fuera cierto que los extraterrestres tenían muchísimos platillos voladores haciendo su trabajo de abducciones en los años 40, entonces de pronto suena como bastante más razonable que algunos estrellamientos ocurrieran. Es decir que entre las muchísimas naves que los extraterrestres tenían operando en la atmosfera terrestre, algunas pocas fallaron y cayeron.

Y eso es precisamente lo que nos relatan los investigadores de las abducciones, que la cantidad de abducidos en el mundo es enorme. Los extraterrestres efectivamente tienen un proyecto inmenso operando en forma clandestina en nuestro planeta. De esta forma, el argumento lógico se completa, y es que la cantidad de estrellamientos OVNI que han ocurrido en el mundo se debe a la actividad frenética (aunque clandestina) que los propios extraterrestres desplegaron para llevar a cabo su labor de abducciones. Quizá con decenas de miles de naves operando sobre nuestros cielos, desde aproximadamente el año 1900 en adelante, ciertamente algunas debieron sufrir desperfectos y caídas.

3.5   ¿QUE LE ESPERA A LA HUMANIDAD?

Hemos visto en este libro que las abducciones son una realidad que tiene el potencial de afectar de manera decisiva el futuro de la humanidad. La sociedad extraterrestre que ha llegado a la Tierra a colonizarnos es una sociedad muy ordenada, jerarquizada, basada en el valor del trabajo arduo, y posiblemente es una sociedad donde las libertades personales están limitadas a un mínimo, estando el resto del tiempo dedicado al trabajo y la educación.

Esta sociedad extraterrestre está dirigida por los insectoides, seres muy extraños y altos provenientes probablemente de una civilización antigua, quienes muy probablemente han realizado, en otros planetas, el mismo procedimiento de abducciones que ocurre hoy en el planeta Tierra. Estos insectoides son expertos en ingeniería genética, y son capaces de hibridar a los humanos con su propia especie, lo cual ha dado como resultado una gama de seres que van desde los propios seres Grises, hasta unos seres híbridos que son prácticamente indistinguibles de los humanos. Todos estos seres tienen capacidades telepáticas, incluyendo a los más humanizados de entre ellos. Los abducidos también tienen una cierta capacidad telepática, pero esta capacidad se activa solamente cuando los extraterrestres lo desean. Los únicos que prácticamente no tienen habilidades telepáticas son los humanos puros, que no han sido abducidos.

De acuerdo a David Jacobs, los extraterrestres tomarán el control político de la sociedad, desplazando al liderazgo político existente. Esta conclusión se basa en que si bien los híbridos quieren aprenderlo todo sobre el funcionamiento de la vida cotidiana de los humanos, de manera de poder vivir cómodamente entre nosotros, no ocurre lo mismo con los conocimientos relacionados con la geopolítica, la política y la burocracia humana, las cuales no les interesan en los más mínimo a los híbridos. En efecto, a los híbridos o húbridos no les interesa en lo más mínimo el nombre del país o la ciudad en la que están, o quien es el presidente de la nación. Por esta razón Jacobs cree que durante la colonización, las estructuras políticas humanas serán remplazadas por el orden extraterrestre.

Por lo anterior, es esperable que la sociedad futura en nuestro planeta estará jerarquizada, probablemente con los insectoides en el escalafón superior, secundados por los Grises Altos, y seguidos por una serie de especies híbridas, entremezcladas con especies provenientes de otras civilizaciones planetarias, también con algún grado de hibridación, y más abajo, los abducidos. Y más abajo aun, los humanos no-abducidos. El investigador David Jacobs asegura que un escenario en el cual los extraterrestres se adueñan de la Tierra, es prácticamente inevitable. Yo creo en forma similar. Jacobs además señala que los insectoides y Grises hablan de que el futuro será maravilloso, y que todos seremos felices viviendo juntos.

Algún lector optimista, podría creer que los extraterrestres se aburrirán y que un buen día se retirarán del planeta Tierra y se volverán al lugar desde donde vinieron. Lamentablemente, los abducidos nunca, jamás, reportan que los extraterrestres pretenden marcharse y volverse a su planeta natal.

Para los que creen en la superioridad del ser humano por sobre los demás seres vivientes de la creación, las revelaciones de este libro pueden resultar muy chocantes. La supuesta supremacía y libertad que goza el ser humano se acabará algún día, a manos de una raza tecnológica y mentalmente superior. Pero tampoco hay que exagerar. La verdad es que solo una parte pequeña de la humanidad en la actualidad puede considerarse como personas privilegiadas y que tienen algún tipo de libertad. El resto de la humanidad, una gran parte de la misma, vive en la pobreza y la desesperación. Y a pesar de que la pobreza aparentemente ha disminuido en los últimos años, aun hoy existe pobreza y hambre en el mundo. De acuerdo a UNICEF, al año 2022, la mitad de los niños del mundo vivía en la pobreza, y que al mismo año, cada día mueren 24.000 niños antes de cumplir la edad de 5 años. Asimismo, en el año 2020, todo el planeta ha sido azotado por una pandemia que ha matado a cerca de 6.5 millones de personas hasta febrero de 2023, incluyendo a mi madre y dos de mis queridas tías, y demostrando que la supremacía de la humanidad sobre la naturaleza es bastante discutible al día de hoy. Otra consideración que no habla muy bien de la humanidad es el problema ambiental y calentamiento global generado por la actividad humana, y las guerras que ocurren sin parar.

Es posible que este tipo de situaciones terribles cambien cuando se produzca la colonización extraterrestre. Los extraterrestres podrán, deseablemente, solucionar los problemas de escasez, enfermedad, daño ecológico, guerras, etc. Y de paso, podrían controlar los excesos provenientes de la economía de libre mercado desatado, o de la avaricia extrema y corrupción política, y también de la escasez generada por estados demasiado igualitarios o autoritarios. De esta forma, cuando los extraterrestres se muestren públicamente y tomen el control, es posible que los sectores más privilegiados de la humanidad se vean parcialmente privados de sus libertades y sus lujos, pero que la otra parte, la mayoría de la humanidad, se vea beneficiada, así como también gran parte del reino animal y vegetal.

Mi opinión es que a estas alturas la suerte ya está echada. Es probable que los extraterrestres estén solamente solucionando algunos detalles menores y problemas logísticos antes de dar el paso a la colonización abierta y a lo que ellos llaman El Cambio. ¿Cuánto tardarán? No lo sé, 10 años quizá.

Para terminar, y resumiendo lo dicho en el capítulo 3.1, no tendremos otra opción más que aceptar a nuestros hermanos cósmicos, y considerando que algunos de ellos tienen una parte del ADN humano, me inclino a pensar que también debemos considerar que ellos son humanos. Y esto aplica tanto a los Grises como a los híbridos, los que por lo demás, también vienen a entregarle un regalo a la humanidad, la telepatía. Ellos, los eficientes Grises, los sacrificados híbridos, y los sufridos abducidos, son los que trabajando en equipo, están haciendo la labor de unificarnos a una sociedad galáctica. Ellos han entregado sus energías, su trabajo, su salud, y sus vidas, por la humanidad del futuro.

BIBLIOGRAFÍA

Altschuler, D. (2008). El Observatorio de Arecibo y los alienígenas. En R. Campo, *Vida en el Universo - Del mito a la ciencia* (págs. 201-210).

Bieri, R. (1964). Huminoids in other Planets. *American Scientist*, 452-458.

Campo, R. (2008). *Vida en el universo - Del mito a la ciencia.*

Chalker, B. (2005). *Hair of the Alien - DNA and other forensic evidence of alien abduction.* Paraview Pocket Books (Simon & Shuster).

Cooke, A. (2015). Infant massage: The practice and evidence-base to support it. *British Journal of Midwifery.*

Denett, P. (2016). *Not from Here--Selected UFO Articles: Volume Two.*

Denett, P. (2019). *The healing power of UFOs.*

Dolan, R. (2020). *The Alien Agendas.*

Druffel, A. (1998). *How to defend yourself against an alien abduction.*

Fowler, R. (1979). *The Andreasson Affair.*

Fuller, J. (1966). *The Interrupted Journey.*

Funato, H. (2020). Infants Show Physiological. *iScience.*

Grinspoon, D. (2003). *Lonely Planets: The Natural Philosophy of Alien Life.*

Hastings, R. (2019). *Confession.*

Hopkins, B. (1981). *Missing Time - A documented study of UFO abductions.* New York: Richard Marek Publishers.

Hopkins, B. (1987). *Intruders: The Incredible Visitations at Copley Woods.*

Hopkins, B. (1996). *Witnessed: The True Story of the Brooklyn Bridge UFO Abductions.*

Hopkins, B. (2003). *Sight Unseen.*

Horne, H., Paull, D. P., & Munro, D. (1948). Fertility Studies in the human male with traumatic injuries of the spinal coord . *The New England Journal of Medicine.*

Jacobs, D. M. (1992). *Secret Life - Firsthand documented accounts of UFO abductions.* Simon & Schuster.

Jacobs, D. M. (1998). *The Threat - Revealing the secret alien agenda.* Simon & Schuster.

Jacobs, D. M. (2009). A Brief History of Abduction Research. *Journal of Scientific Exploration*, Vol. 23, No. 1, pp. 69–77.

Jacobs, D. M. (2015). *Walking Among Us - The alien plan to control humanity.* San Francisco: Disinformation Books.

Leir, R. (2014). *UFOs do not exist.*

Leong, V. (2017). Speaker gaze increases information coupling between infant and adult brains. *PNAS.*

Marden, K. (2019). *Extraterrestrial Contact - What to do when you have been abducted.*

Munro, D., Horne, H., & Paull, D. P. (1948). The Effect of injury to the Spinal Cord and Cauda Equina on the Sexual Potency of Men. *The New England Journal of Medicine*.

Pereira, J. (1970-1972). Les Extra-Terrestres. *Phénomènes Spatiaux* .

Pierce, J. N. (2008). *Life in the Universe: The Abundance of Extraterrestrial Civilizations*. Brown Walker Press.

Quintana, E., & Lissauer, J. (2010). Terrestrial Planet Formation in Binary Star Systems. En H. N. (ed.), *Planets in Binary Star Systems* (págs. 265-283). Dordrecht: Astrophysics and Space Science Library.

Ramsey, S. (2016). *The Aztec UFO Incident*.

Shevchenko, I. (2017). Habitability Properties of Circumbinary Planets. *The Astronomical Journal*.

Zurcher, E. (1979). *Les apparitions d'humanoïdes*. Lefeuvre.

ÍNDICE ALFABÉTICO

Ningún índice alfabético puede ser totalmente exhaustivo, pero espero que éste sea útil.

www.ingramcontent.com/pod-product-compliance
Lightning Source LLC
Chambersburg PA
CBHW070346220526
45467CB00001B/259